Teubner Skripten zur
Numerik

Peter Bastian
Parallele adaptive
Mehrgitterverfahren

Teubner Skripten zur Numerik

Herausgegeben von
Prof. Dr. rer. nat. Hans Georg Bock, Universität Augsburg
Prof. Dr. rer. nat. Wolfgang Hackbusch, Universität Kiel
Prof. Dr. phil. nat. Rolf Rannacher, Universität Heidelberg

Die Reihe soll ein Forum für Einzel- sowie Sammelbeiträge zu aktuellen Themen der Numerischen Mathematik und Ihrer Anwendungen in Naturwissenschaften und Technik sein. Das Programm der Reihe reicht von der Behandlung klassischer Themen aus neuen Blickwinkeln bis hin zur Beschreibung neuartiger noch nicht etablierter Verfahrensansätze. Es umfaßt insbesondere die mathematische Fundierung moderner numerischer Methoden sowie deren Aufbereitung für praxisrelevante Anwendungen. Dabei wird bewußt eine gewisse Vorläufigkeit und Unvollständigkeit der Stoffauswahl und Darstellung in Kauf genommen, um den Leser schnell mit aktuellen Entwicklungen auf dem Gebiet der Numerik vertraut zu machen. Dadurch soll in den Texten die Lebendigkeit und Originalität von Vorlesungen und Forschungsseminaren erhalten bleiben. Hauptziel ist es, in knapper aber fundierter Weise über aktuelle Entwicklungen zu informieren und damit weitergehende Studien anzuregen und zu erleichtern.

Parallele adaptive Mehrgitterverfahren

Von Dr. rer. nat. Peter Bastian
Universität Stuttgart

B. G. Teubner Stuttgart 1996

Dr. rer. nat. Peter Bastian

1964 geboren in Nürnberg. Von 1983 bis 1989 Studium der Informatik an der Universität Erlangen-Nürnberg. Von 1990 bis 1993 wiss. Mitarbeiter am Interdisziplinären Zentrum für Wissenschaftliches Rechnen der Universität Heidelberg. Promotion in Mathematik an der Universität Heidelberg 1994. Von 1994 bis 1995 wiss. Mitarbeiter am Institut für Computeranwendungen der Universität Stuttgart. Seit 1995 wissenschaftlicher Assistent.

Die Deutsche Bibliothek – CIP-Einheitsaufnahme

Bastian, Peter:
Parallele adaptive Mehrgitterverfahren / von Peter Bastian. –
Stuttgart : Teubner, 1996
  (Teubner-Skripten zur Numerik)
  ISBN 978-3-519-02721-8   ISBN 978-3-322-99572-8 (eBook)
  DOI 10.1007/978-3-322-99572-8

Herstellung: Druckhaus Beltz, Hemsbach/Bergstraße

Vorwort

Die Simulation technisch-wissenschaftlicher Vorgänge auf dem Computer gewinnt heute immer mehr an Bedeutung. In zunehmenden Maße werden Bauteile mit Hilfe des Rechners entworfen und somit teuere Versuchsaufbauten vermieden sowie der Entwicklungsprozess beschleunigt. Enorme Bedeutung erlangen auch Methoden zur Simulation des Schadstofftransportes im Grundwasser um etwa Verschmutzungen in Wassereinzugsgebieten zu vermeiden oder Sanierungsmaßnahmen zu optimieren.

Die rechnergestützte Simulation oben genannter Probleme erfordert in ihrem Kern fast immer die Lösung großer, schwachbesetzter linearer Gleichungssysteme. Die Beschleunigung der Lösung solcher Gleichungssysteme wurde in den letzten Jahrzehnten zu gleichen Teilen durch eine Verbesserung der Rechner und durch eine Verbesserung der Algorithmen erreicht. Die Beschleunigung der Rechner wurde durch die Verbesserung der Halbleitertechnologie (höhere Taktrate und größere Wortbreiten) und verschiedene Parallelisierungskonzepte (Vektorrechner, superskalare Rechner, MIMD-Rechner) erzielt. Auf algorithmischer Seite wurden hocheffiziente Iterationsverfahren, etwa das Mehrgitterverfahren, entwickelt und die Anzahl der Unbekannten durch adaptive Algorithmen minimiert.

In diesem Buch wird nun die Kombination mehrerer dieser Beschleunigungstechniken in einem flexiblen Programmsystem vorgestellt. Es werden adaptive Mehrgitterverfahren auf einem portablen, parallelen Programmiermodell implementiert und anhand praktischer Versuche gezeigt, daß sich diese Verfahren sehr effizient parallelisieren lassen. Die Implementierung beschränkt sich auf zweidimensionale Probleme, die Gitter können allerdings vollkommen unstrukturiert sein und beliebig lokal verfeinert werden. In der Arbeit wird die Parallelisierung aller Komponenten des adaptiven Algorithmus besprochen, der Schwerpunkt liegt jedoch auf der Entwicklung von Verfahren zur dynamischen Lastverteilung auf Anwendungsebene. Das Programmsystem kann flexibel eingesetzt werden und ist auf verschiedenen Parallelrechnerarchitekturen lauffähig.

Das Buch ist in sechs Kapitel gegliedert. Das einleitende Kapitel führt in das adaptive Mehrgitterverfahren ein und erläutert die Ziele der vorliegenden Arbeit. Das zweite Kapitel beschreibt die Komponenten adaptiver Mehrgitterverfahren. Insbesondere wird auf die jüngsten Entwicklungen im Bereich der Mehrgitterverfahren für unstrukturierte, lokal verfeinerte Gitter eingegangen. Im dritten Kapitel wird der Parallelisierungsansatz ausführlich erläutert und das vierte Kapitel enthält dessen Umsetzung im Rahmen des Programmbaukastens *UG*. Hierbei wird insbesondere auf die verwendeten Datenstrukturen eingegangen. Kapitel 5 geht ausführlich auf das Lastverteilungsproblem ein. Es werden Heuristiken zur Lastverteilung bei verschiedenen Mehrgittervarianten vorgeschlagen und analysiert. Kapitel 6 enthält die Ergebnisse einer Reihe von praktischen Versuchen mit den vorgeschlagenen Verfahren. Besonderer Wert wurde dabei auf den Vergleich der Mehrgittervarianten und Lastverteilungsverfahren gelegt.

Danken möchte ich besonders meinem Betreuer, Herrn Professor Gabriel Wittum, sowie Herrn Professor Willi Jäger, die diese interdisziplinäre Arbeit erst ermöglicht haben. Die Diskussion mit meinen Kollegen in der Arbeitsgruppe, insbesondere Klaus Johannsen, Nikolas Neuß und Henrik Reichert sowie meinen Kollegen am IWR in Heidelberg hat die Arbeit in wertvoller Weise unterstützt. Besonders möchte ich auch noch Klaus Birken, Joachim Segatz und meiner Frau Susanne für die Durchsicht des Manuskriptes danken. Klaus Birken sei auch noch für die Portierung des Programmes auf die Intel Paragon gedankt.

Heidelberg, im Juli 1995   Peter Bastian

Inhalt

1 Einleitung

Viele Vorgänge in Naturwissenschaft und Technik werden durch partielle Differentialgleichungen modelliert, so z.B. die Wärmeverteilung in einem Körper, der Verlauf einer Strömung durch einen Kanal oder, als praktische Beispiele, die Ausbreitung eines Schadstoffes im Boden oder der Verbrennungsvorgang in einem Motor.

Da analytische Lösungen dieser Differentialgleichungen nur in den einfachsten Fällen verfügbar sind, ist man auf die numerische Simulation angewiesen. Dazu wird mittels einer Diskretisierungstechnik (Finite Differenzen, Finite Elemente etc.) aus der (nicht-) linearen partiellen Differentialgleichung ein (nicht-) lineares algebraisches Gleichungssystem generiert. Nichtlineare Gleichungssysteme werden dann durch Linearisierung (Newtonverfahren, Fixpunktiteration) wiederum auf mehrmaliges Lösen linearer Gleichungssysteme zurückgeführt. In jedem Fall sind also im innersten Kern des Verfahrens lineare Gleichungssysteme zu lösen. Die Zahl der Unbekannten kann in der Praxis dabei mehrere Millionen erreichen. Ein wichtiges Charakteristikum der Gleichungssysteme ist, daß sie sehr dünn besetzt sind, d.h. jede Zeile enthält nur wenige (Größenordnung ≤ 30), von Null verschiedene Einträge.

Um die Komplexität der Probleme beherrschbar zu machen, hat man in den vergangenen beiden Jahrzehnten eine Reihe von Techniken entwickelt. Drei wesentliche Techniken *Adaptivität, Schnelle Löser* und *Parallelisierung* sollen in dieser Arbeit kombiniert werden.

Die Grundlage der Adaptivität ist der lokale Charakter der Lösungen, beispielsweise findet der Verbrennungsvorgang in der Flamme eines Bunsenbrenners nur in einem sehr begrenztem Bereich statt, an dem Gas und Sauerstoff aufeinander treffen. Außerhalb dieses Bereiches braucht man deshalb weniger Unbekannte als in seinem Inneren, um den Vorgang gut zu erfassen. Das Ziel der Adaptivität ist also die Reduktion der Komplexität durch Konzentration von Unbekannten auf die wesentlichen Stellen. Zentrales Element eines adaptiv arbeitenden Verfahrens ist eine Komponente, die zuverlässig die Gebiete bestimmt, an denen die Unbekannten konzentriert werden sollen, der sog. *Fehlerschätzer.*

Hat man nun die Unbekannten entsprechend dem Fehlerschätzer plaziert, so gilt es, die immer noch recht großen linearen Gleichungssysteme schnell zu lösen. Für viele Probleme haben sich dazu die *Mehrgitterverfahren* bewährt. Dabei nutzt man Beschreibungen des Problems mit verschiedener Zahl von Unbekannten zur Konvergenzbeschleunigung aus. Das Verfahren fügt sich sehr gut in den Rahmen der Adaptivität ein, da man dort schrittweise immer weitere Unbekannte plaziert und somit automatisch die Beschreibungen unterschiedlicher Feinheit erhält. Charakteristisch für die Mehrgitterverfahren ist, daß der Aufwand zur Lösung der linearen Gleichungssysteme nur proportional zur Zahl der Unbekannten anwächst (falls gewisse Voraussetzungen an die Differentialgleichung erfüllt sind). Die Mehrgitterverfahren wurden in verschiedenen Schulen entwickelt, so unterschied man lange Zeit zwischen Mehrgitterverfahren auf strukturierten, d.h. aus Zeilen und Spalten aufgebauten Gittern und solchen für allgemeine Dreiecksnetze, die beliebige lokale Verfeinerung erlaubten („multi-level-Methoden"). Spätestens seit der Arbeit von Xu [106] ist aber klar, daß alle Verfahren nur verschiedene Varianten eines Grundprinzips sind, die sich in der Aufspaltung der Funktionenräume und deren Abarbeitungsreihenfolge unterscheiden.

Die dritte Beschleunigungstechnik, die hier zum Einsatz kommen soll, ist die der Parallelisierung, d.h. man teilt das Problem auf mehrere Rechner auf und hofft dabei eine Reduktion der Rechenzeit (*Speedup*) zu erreichen, die der Zahl der eingesetzten Rechner entspricht. Voraussetzungen dafür sind, daß die auszuführenden Operationen eine gleichzeitige Bearbeitung erlauben und gleichmäßig auf die Prozessoren aufgeteilt werden. Da die Teilprobleme in den einzelnen Prozessoren immer noch untereinander gekoppelt sind, ist von Zeit zu Zeit ein Datenaustausch zwischen den Prozessoren erforderlich. Die Minimierung dieses Datenaustausches unter gleichzeitiger Beachtung der Gleichverteilung der Unbekannten ist ein komplexes, diskretes Optimierungsproblem, das sog. *Lastverteilungsproblem.* Im Rahmen der Adaptivität kommt erschwerend hinzu, daß die Aufteilung auf die Prozessoren nach jeder Hinzunahme von Unbekannten neu optimiert werden muß.

Mit den bisherigen Ausführungen ergibt sich also die Strategie eines rückgekoppelten, adaptiven Verfahrens wie in Abb. 1.1 dargestellt. Zu Anfang wird ein erstes, relativ grobes Gitter mit möglichst wenigen, aber soviel wie zur groben Erfassung des Problems nötigen, Unbekannten erstellt. Dieser Punkt ist nicht Teil dieser Arbeit. Im anschließenden adaptiven Zyklus

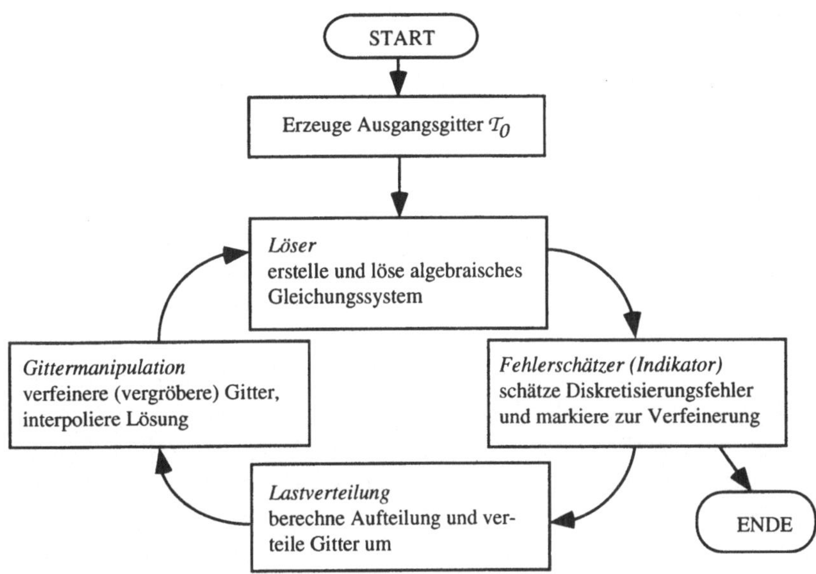

Abb. 1.1 Ablaufschema des rückgekoppelten, adaptiven Verfahrens.

wird das Problem mit der aktuellen Zahl von Unbekannten gelöst, dann der Fehler in der Lösung geschätzt und damit diejenigen Gebiete bestimmt, in denen Unbekannte hinzugefügt werden sollen. Ist die gewünschte Genauigkeit erreicht, so bricht das Verfahren ab, ansonsten muß eine neue Verteilung der Unbekannten auf die Prozessoren berechnet und das neue Gitter erzeugt werden. In der Praxis kommen noch einige Details hinzu, wie etwa ein auf den Diskretisierungsfehler abgestimmtes Abbruchkriterium im Lösungsschritt. Auch kann man evtl. den Lösungschritt ganz durch eine Interpolation höherer Ordnung ersetzen, wenn nur sehr wenige Unbekannte hinzugekommen sind oder auch die Lastverteilung unterdrücken, wenn eine gewisse Lastungleichheit nicht überschritten wird.

Der adaptive Zyklus ist auch die Basis eines Parallelisierungskonzeptes ohne Flaschenhals. Es wird angenommen, daß die Ausgangstriangulierung relativ grob ist, bezogen auf das feinste Gitter, das zur Berechnung verwendet wird. Außer der Erzeugung dieser Ausgangstriangulierung laufen dann alle weiteren Schritte im Parallelrechner ab. In der vorliegenden Implementierung ist auch eine einfache Form der parallelen Grafikausgabe möglich. Einziger Flaschenhals ist hier noch die Ausgabe auf den Grafikbildschirm.

Die beschriebenen Techniken erlauben die Lösung sehr großer Probleme. So können mit der in dieser Arbeit erstellten Implementierung auf einer Intel Paragon mit 64 Prozessoren etwa Probleme mit 1,4 Millionen Unbekannten auf unstrukturierten, lokal verfeinerten Gittern in etwa 2 Minuten gelöst werden (dies hängt natürlich sehr stark vom Problem ab und ist nur als Größenordnung zu verstehen). Der Preis für eine Verwendung dieser ausgefeilten Techniken ist allerdings eine starke Erhöhung der Softwarekomplexität. Dies dürfte auch einer der Hauptgründe dafür sein, daß die Kombination all der beschriebenen Techniken noch keinen weiteren Eingang in die Rechenpraxis gefunden hat. Waren Mehrgitterverfahren für einfache Gleichungen auf strukturierten Gittern noch in einigen hundert Zeilen zu implementieren, so erfordert die Realisierung eines parallelen, adaptiven Mehrgitterverfahrens einige zehntausend Programmzeilen. Ein Einsatz dieser Verfahren lohnt daher nur dann, wenn das Programm so flexibel entworfen wird, daß damit eine Vielzahl von Problemen gelöst werden kann.

Mit dem Programmbaukasten UG sollen die zur parallelen, adaptiven Lösung mit Mehrgitterverfahren notwendigen Werkzeuge wie Gitterverwaltung und Lastverteilung in einer problemunabhängigen Form zur Verfügung gestellt werden. Auf diesen Werkzeugen können dann Diskretisierung, Löser und Fehlerschätzer für eine bestimmte Problemklasse (Skalare Konvektions-Diffusions-Gleichung, inkompressible Navier-Stokes-Gleichung, etc.) aufgebaut werden. Mit diesem Konzept (*code reuse*) konnte erreicht werden, daß der Programmcode eines Laplacelösers und eines Navier-Stokes-Lösers zu etwa 70% identisch sind (serielle Version, in der parallelen Version wäre der Faktor noch größer). Bei Programmen dieser Größenordnung ist auch die Gewährleistung fehlerfreier Funktion bereits ein echtes Problem, insbesondere auf dem Parallelrechner mit seinen immer noch mangelhaften Entwicklungswerkzeugen. Es wurde deshalb versucht, mit Softwareentwurfstechniken wie Modularisierung und Hierarchiebildung einen möglichst strukturierten Aufbau zu erreichen.

Zusammenfassend standen also folgende Ziele am Ausgangspunkt dieser Arbeit:

- Entwurf flexibler Daten- und Programmstrukturen zur Implementierung adaptiver Mehrgitterverfahren.

- Vergleich der verschiedenen Mehrgitteransätze (additiv, multiplikativ) für lokal verfeinerte Gitter, insbesondere hinsichtlich ihrer numerischen Eigenschaften und Eignung für den Parallelrechner.

- Entwurf geeigneter Lastverteilungsverfahren und Lastverschiebemechanismen für geschachtelte, lokal verfeinerte Gitterhierarchien.

- Vollständige parallele Implementierung des adaptiven Algorithmus und Messungen der Effizienz des Gesamtverfahrens.

2 Komponenten adaptiver Verfahren

2.1 Randwertproblem und Diskretisierung

Mehrgitterverfahren wurden schon auf eine ganze Reihe praktisch relevanter Probleme angewandt, so etwa die Navier-Stokes-Gleichungen oder Euler-Gleichungen. Zur Darstellung der Methode beschränken wir uns aber hier auf den Fall einer skalaren, elliptischen Randwertaufgabe zweiter Ordnung, da hier die Theorie, speziell im Fall lokaler Verfeinerungen, am weitesten fortgeschritten ist. Dazu definieren wir zunächst das kontinuierliche Problem

$$\mathcal{L}U = -\nabla \cdot (K(x)\nabla U) = F \text{ in } \Omega \subseteq \mathbf{R}^d \tag{2.1}$$

$$u = 0 \text{ auf } \partial\Omega \tag{2.2}$$

mit einer in jedem Punkt $x \in \Omega$ symmetrisch, positiv definiten $d \times d$ Matrix $K(x)$, zusätzlich seien die Konstanten in

$$\alpha\langle\xi,\xi\rangle \leq \langle\xi, K(x)\xi\rangle \leq M\langle\xi,\xi\rangle \tag{2.3}$$

unabhängig von x ($\langle\cdot,\cdot\rangle$ sei das euklidische Skalarprodukt im $\mathbf{R}^d$). Damit ist $\mathcal{L}$ gleichmäßig elliptisch. Ω sei polyedrisch begrenzt und offen. Die zugehörige schwache Formulierung dieser Randwertaufgabe lautet (siehe z. B. Hackbusch [50]): Finde $U \in H_0^1(\Omega)$, sodaß

$$a(U,v) = (F,v)_0 \ \forall v \in H_0^1(\Omega) \ , \tag{2.4}$$

mit

$$a(U, v) = \int_\Omega \sum_{i,j} k_{ij}(x) \partial_i U \partial_j v dx \tag{2.5}$$

$$(F, v)_0 = \int_\Omega F v dx \ . \tag{2.6}$$

Die Integrale sind dabei im Lebesgueschen Sinne zu verstehen. $(\cdot, \cdot)_0$ ist das L_2-Skalarprodukt und $a(\cdot, \cdot)$ ist eine symmetrische, beschränkte, $H_0^1(\Omega)$-elliptische Bilinearform, $a(u, v) = (u, v)_A$ definiert ein Skalarprodukt und $\|u\|_A = \sqrt{(u, u)_A}$ eine Norm, die sog. Energienorm, die äquivalent zur $H_0^1(\Omega)$-Norm ist. Die Aufgabe 2.4 ist unter den genannten Voraussetzungen eindeutig lösbar (Satz von Lax-Milgram). Die schwache Formulierung ist Ausgangspunkt für die Methode der Finiten Elemente. Dabei ersetzt man den Raum $H_0^1(\Omega)$ durch einen endlich-dimensionalen Teilraum $\mathcal{V} \subset H_0^1(\Omega)$ (Ritz-Galerkin-Verfahren): Suche $u \in \mathcal{V}$ so, daß

$$a(u, v) = (F, v)_0 \ \forall v \in \mathcal{V} \ . \tag{2.7}$$

Man beachte, daß U die Lösung in $H_0^1(\Omega)$ und u die Lösung im Unterraum $\mathcal{V}$ ist. Die Wahl einer Basis $\Phi = \{\phi_1, \dots, \phi_n\}$ von $\mathcal{V}$ und der Ansatz $u = \sum_{i=1}^n x_i \phi_i$ führt dann zu einem linearen Gleichungssystem für die Koeffizienten x_i:

$$\sum_{i=1}^n x_i a(\phi_i, \phi_j) = (F, \phi_j)_0 \ \forall j = 1, \dots, n \tag{2.8}$$

$$\Leftrightarrow Ax = b \ , \tag{2.9}$$

mit den Koeffizienten $a_{ij} = a(\phi_i, \phi_j)$ und rechter Seite $b_i = (F, \phi_i)_0$.

2.2 Funktionenräume für Mehrgitterverfahren

Im Rahmen des Mehrgitterverfahrens benötigen wir nicht nur einen endlich-dimensionalen Raum $\mathcal{V}$, sondern ein ganze Reihe von Räumen $\mathcal{V}_0, \ldots, \mathcal{V}_j$ ($j \in \mathbf{N}_0$) jeweils mit der Dimension n_k ($0 \leq k \leq j$), die der Bedingung

$$\mathcal{V}_0 \subset \mathcal{V}_1 \subset \ldots \subset \mathcal{V}_{j-1} \subset \mathcal{V}_j = \mathcal{V} \ . \tag{2.10}$$

genügen sollen. Die Räume ergeben sich aus der Konstruktion einer Folge von Triangulierungen und der Wahl entsprechender Finite-Element-Ansatzfunktionen. Bei adaptiven Verfahren konstruiert man die Räume durch sukzessive Verfeinerung, wir beginnen deshalb mit dem gröbsten Gitter T_0 und der Definition einer *zulässigen* Triangulierung:

Definition 2.1 Zulässige Triangulierung. Sei $T_0 = \{t_1^0, t_2^0, \ldots, t_{m_0}^0\}$ eine Triangulierung von Ω in Dreiecke, so heißt die Triangulierung nach Braess [29, S. 59] zulässig, wenn (der Stufenindex sei weggelassen)

1. $\cup_{i=1}^{m_0} t_i = \bar{\Omega}$.

2. Ist $t_i \cap t_j$ genau ein Punkt, so ist dieser Punkt sowohl Ecke von t_i als auch Ecke von t_j.

3. Besteht für $i \neq j$ die Menge $t_i \cap t_j$ aus mehr als einem Punkt, so ist $t_i \cap t_j$ sowohl eine Kante von t_i als auch von t_j.

Ausgehend von T_0 generieren wir nun weitere Triangulierungen T_k, die folgende Bedingungen einer *geschachtelten Triangulierung* erfüllen sollen.

Definition 2.2 Geschachtelte Triangulierung. Alle Elemente der Ausgangstriangulierung T_0 heißen regulär. $T_k = \{t_1^k, \ldots, t_{m_k}^k\}$ entsteht aus T_{k-1} unter Anwendung *genau einer* der folgenden Regeln für jedes Dreieck t aus T_{k-1}.

1. t ist *regulär* und wird in vier kongruente Dreiecke durch Verbinden der Kantenmittelpunkte zerlegt. Die entstehenden Dreiecke heißen wieder regulär.

2. t ist *regulär* und wird in zwei Dreiecke durch Verbinden eines Kanten-
mittelpunktes mit der gegenüberliegenden Ecke zerlegt. Die entstehenden
Dreicke heißen *irregulär*.

3. t wird in T_k unverändert übernommen. Das Dreieck heißt dann *kopiert*.

zusätzlich soll noch gelten

4. T_k muß auch wieder alle Kriterien einer zulässigen Triangulierung erfüllen.

Wir sprechen von *uniformer* Verfeinerung, wenn Dreiecke immer nur regulär
unterteilt werden. Im folgenden werden wir eine Hierarchie von geschachtel-
ten Triangulierungen immer mit $\mathcal{T} = \cup_{k=0}^{j} T_k$ bezeichnen. j heißt Tiefe der
Triangulierung.

Die Triangulierungen T_k haben folgende Eigenschaften:

1. Jedes T_k überdeckt das gesamte Gebiet Ω.

2. Ein reguläres Dreieck der Stufe k wurde genau k-mal regulär verfeinert.

3. Ein irreguläres Dreieck wird nicht mehr weiter verfeinert, höchstens noch
kopiert. Damit ist automatisch eine Minimalwinkelbedingung erfüllt.

4. Ein kopiertes Element kann nur noch kopiert werden.

5. Als Kenngröße einer Triangulierung sei

$$h_k = \max_{t \in T_k} \mathrm{diam}(t) \tag{2.11}$$

definiert.

Man beachte, daß die Triangulierungen T_k im Rahmen eines adaptiven
Verfahrens i. allg. nicht in genau dieser Reihenfolge erzeugt werden. An-
genommen, es bestehen bereits die Gitterebenen T_0 bis T_j, so kann der
Fehlerschätzer durchaus kopierte Elemente in T_j verfeinern wollen. Dann
müssen auch die bereits bestehenden Gitterebenen verändert werden. Ein
Verfeinerungsalgorithmus, der dies leistet, wurde von Bank [6][9] angegeben.
Eine Parallelisierung dieses Algorithmus wird in Abschnitt 4.4 besprochen.

Die Knoten in der Triangulierung T_k bezeichnen wir mit $V_k = \{v_1^k, v_2^k, \ldots,$
$v_{N_k}^k\}$. Die v_i^k seien so numeriert, daß zunächst alle Knoten genommen wer-
den, die echt im Inneren von Ω liegen (bis zum Index n_k) und dann die
Randknoten angehängt werden.

Wir beschränken uns in diesem Abschnitt auf stetige und stückweise lineare Ansatzfunktionen. Als Basisfunktionen verwenden wir die übliche Knotenbasis $\Phi_k = \{\phi_1^k, \ldots, \phi_{n_k}^k\}$, gegeben durch

$$\phi_i^k(v_l^k) = \delta_{il} \quad 0 \le i \le n_k,\ 0 \le l \le N_k,\ 0 \le k \le j\ . \tag{2.12}$$

Der Raum $\mathcal{V}_k$ ist dann formal gegeben durch

$$\mathcal{V}_k = \mathrm{span}\{\Phi_k\}\ 0 \le k \le j\ . \tag{2.13}$$

2.3 Das Mehrgitterverfahren

Wir wollen hier nur grob das Prinzip skizzieren, für eine ausführlichere Darstellung sei auf Hackbusch [49] oder Wesseling [100] verwiesen. Wir beschränken uns zunächst erst auf den Fall uniformer Verfeinerung.

Mit den soeben definierten Räumen erhalten wir unter Verwendung der Knotenbasis eine Hierarchie von linearen Gleichungssystemen

$$A_k x_k = b_k \tag{2.14}$$

von immer größerer Dimension n_k. Klassische Iterationsverfahren (siehe Varga [96]) gehen von einer additiven Aufspaltung

$$A_k = W_k - N_k \tag{2.15}$$

aus, die zu der Iteration

$$x_k^{i+1} = x_k^i + W_k^{-1}(b_k - A_k x_k^i) \tag{2.16}$$

führt. Für W_k wählt man etwa die Diagonale von A_k (Jacobi-Verfahren) oder das untere Dreieck von A_k (Gauß-Seidel-Verfahren). Die Konvergenzrate dieser einfachen Verfahren verhält sich wie

$$\rho = 1 - O(h_k^2)\ . \tag{2.17}$$

Bei einer Halbierung von h_k von Stufe zu Stufe nähert sich die Konvergenzrate also sehr schnell dem Wert 1. Die Iteration (2.16) reduziert aber i. allg.

sehr effizient, d.h. in wenigen Iterationen, die hohen Frequenzen des Fehlers $v_k^i = x_k - x_k^i$ und wird daher *Glätter* genannt. Sie ist nur sehr ineffizient für die Fehleranteile, die den niedrigen Eigenwerten von A_k entsprechen. Die Idee ist nun, daß ein „glatter" Fehler auch in einem Raum niedrigerer Dimension gut approximiert werden kann. Das heißt, man ersetzt die Fehlergleichung $A_k v_k^i = d_k^i = b_k - A_k x_k^i$ durch die Grobgittergleichung

$$A_{k-1} v_{k-1}^i = d_{k-1}^i = R_{k-1}^k d_k^i \ . \tag{2.18}$$

Dabei dient die Matrix R_{k-1}^k dazu eine Darstellung der Defektfunktion in dem gröberen Raum $\mathcal{V}_{k-1}$ zu erhalten. Umgekehrt muß man den berechneten Fehler v_{k-1}^i wieder in der Basis des Raumes $\mathcal{V}_k$ darstellen, um die Näherungslösung x_k^i korrigieren zu können. Insgesamt ergibt sich damit die Iteration

$$x_k^{i+1} = x_k^i + I_{k-1}^k A_{k-1}^{-1} R_{k-1}^k (b_k - A_k x_k^i) \ , \tag{2.19}$$

die *Grobgitterkorrektur* genannt wird. Bei üblichen finiten Elementen erhält man den Transfer von $\mathcal{V}_{k-1}$ nach $\mathcal{V}_k$ durch Darstellung einer Basisfunktion aus $\mathcal{V}_{k-1}$ durch Basisfunktionen aus $\mathcal{V}_k$

$$\phi_i^{k-1} = \sum_{l=1}^{n_k} w_{i,l}^k \phi_l^k \ , \tag{2.20}$$

dabei ist die so entstehende Matrix I_{k-1}^k sehr dünn besetzt. Für die Matrix R_{k-1}^k gilt im Fall finiter Elemente $R_{k-1}^k = (I_{k-1}^k)^T$. Nach der Grobgitterkorrektur (2.19) kann man weitere Schritte eines Glätters nachschalten, dies ist aber nicht zwingend. Bei exakter Lösung der Grobgittergleichung (2.18) bezeichnet man das Verfahren als Zweigitterverfahren. Aufgrund der Ähnlichkeit von (2.18) und (2.14) liegt aber die Idee nahe, das Verfahren rekursiv einzusetzen, bis man die unterste Stufe erreicht, auf der dann exakt zu lösen ist. Mit diesem Vorgehen erhält man dann ein Verfahren, dessen Konvergenzrate nicht mehr von der Dimension n_k der Gleichungssysteme abhängt. Wir wollen das Verfahren noch in algorithmischer Form angeben:

Algorithmus 2.1 Klassisches (multiplikatives) Mehrgitterverfahren. *indexMehrgitterverfahren!multiplikatives* Es sei eine geschachtelte Triangulierung $\mathcal{T}$ mit Tiefe j gegeben. S_k^ν bezeichne die ν-malige Anwendung des Glätters auf Stufe k, d.h. $S_k^\nu = (I - (I - W_k^{-1} A_k)^\nu) A_k^{-1}$.

mmg (j, x_j, b_j) {

  (1) $d_j = b_j - A_j x_j$;

    for $(k = j; k > 0; k = k - 1)$ {

    (2) $v_k = S_k^{\nu_1} d_k$;

    (3) $r_k = d_k - A_k v_k$;

    (4) $d_{k-1} = (I_{k-1}^k)^T r_k$;

    }

  (5) $v_0 = A_0^{-1} d_0$;

    for $(k = 1; k \leq j; k = k + 1)$ {

    (6) $v_k = v_k + I_{k-1}^k v_{k-1}$;

    (7) $r_k = d_k - A_k v_k$;

    (8) $v_k = v_k + S_k^{\nu_2} r_k$;

    }

  (9) $x_j = x_j + v_j$;

}

Bei Anwendung des Algorithmus auf nicht uniform verfeinerte Gitter ergibt sich allerdings ein Komplexitätsproblem. Die Optimalität des Mehrgitterverfahrens liegt zum einen daran, daß die Konvergenzrate unabhängig von der Größe n_j des zu lösenden Gleichungssystemes ist, und zum anderen daran, daß eine Iteration mit Aufwand $O(n_j)$ auszuführen ist. Letztere Bedingung bedeutet aber, daß ein geometrisches Wachstum

$$n_k \geq q n_{k-1}, \quad k > 0 \tag{2.21}$$

mit $q > 1$ erforderlich ist, denn nur dann läßt sich der Aufwand für eine Iteration auf Stufe j mit $O(\frac{q}{q-1} n_j)$ abschätzen. Man bedenke daß sich diese Abschätzung auch auf den Speicheraufwand bezieht! Diese Problematik hat zur Entwicklung von Verfahren geführt, deren Aufwand pro Zyklus unabhängig von einem bestimmten Wachstumsfaktor ist und die insbesondere für den Fall $q = 1$ geeignet sind, der bei Punktsingularitäten in der Lösung auftritt. Die Idee der Verfahren mit hierarchischer Basis (Yserentant [107], Bank-Dupont-Yserentant [8]) war es die Räume

$$\bar{\mathcal{V}}_k = \begin{cases} \text{span}\{\phi_i^k \in \Phi_k | v_i^k \notin V_{k-1}\} & k > 0 \\ \mathcal{V}_0 & k = 0 \end{cases} . \tag{2.22}$$

(v_i^k ist der zur Basisfunktion ϕ_i^k gehörige Knoten) zu verwenden. Praktisch bedeutet dies, daß die Glättung auf die Knoten beschränkt wird, die auf einer Stufe neu hinzukommen. Wegen

$$\sum_{k=0}^{j} |\bar{\mathcal{V}}_k| = n_j \tag{2.23}$$

ist der Aufwand für *eine* Iteration proportional zu n_j unabhängig davon, wie verfeinert wurde. Führt man im Rahmen eines adaptiven Verfahrens auf jedem neu erzeugtem Gitter einen Lösungsschritt aus, so benötigt man jedoch trotzdem wieder ein geometrisches Wachstum damit der Gesamtaufwand proportional zur Zahl der Knoten in der *letzten* Triangulierung ist. In PLTMG [9] wird deswegen die Lösung nur auf das neue Gitter interpoliert (mit höherer Ordnung als in der Prolongation), solange nicht ein gewisses Wachstum erreicht wurde. Immerhin hat man aber in jedem Fall den Speicheraufwand auf die optimale Größe beschränkt. Allerdings bezahlt man diese günstige Komplexität mit einer Verschlechterung der Konvergenzrate, die nun

$$\rho = 1 - \frac{1}{O(j)} \tag{2.24}$$

beträgt. Dieses Resultat gilt auch nur in zwei Raumdimensionen. Ein weiterer Nachteil der Verfahren mit hierarchischer Basis ergibt sich in Bezug auf ihre *Robustheit*. Darunter versteht man, daß die Konvergenzrate eines Verfahrens unabhängig von bestimmten Parametern des kontinuierlichen Problems ist, sich also eine gute Konvergenz für eine ganze Aufgabenklasse ergibt. Ein, für die Praxis wichtiger, Modellfall ist etwa die *anisotrope* Gleichung (siehe [103]) die sich für $K(x) = \operatorname{diag}(\varepsilon, 1), \varepsilon > 0$ in (2.2) ergibt. Ein anderer Modellfall ist die konvektionsdominierte Konvektions-Diffusionsgleichung, die in Abschnitt 2.7 behandelt wird. Robuste Verfahren erhält man etwa durch Verwendung von Glättungsiterationen, die den Grenzfall $\varepsilon \to 0$ exakt behandeln (siehe [49, S. 202]). Solche Glätter lassen sich für die beiden Modellprobleme finden, ihr Einsatz scheitert aber im Zusammenhang mit der hierarchischen Basis, da dort alle Knoten, außer den Stufe-j-Knoten, nur über eine Grobgitterkorrektur korrigiert werden und diese aber gerade schlecht funktioniert. Dies kann man beheben, indem man die Räume $\bar{\mathcal{V}}_k$ etwas vergrößert, ohne die optimale Komplexität aufzugeben:

$$\tilde{\mathcal{V}}_k = \begin{cases} \operatorname{span}\{\phi^k \in \Phi_k | \phi^k \notin \Phi_{k-1}\} & k > 0 \\ \mathcal{V}_0 & k = 0 \end{cases} . \tag{2.25}$$

Praktisch sind dies für die hier behandelten Gitterhierarchien die Basisfunktionen zu den Knoten, die Ecke mindestens eines regulären Elementes sind. Damit gilt immer noch

$$\sum_{k=0}^{j} |\tilde{\mathcal{V}}_k| \leq C n_j . \tag{2.26}$$

Eine genaue Abschätzung für die Konstante C wird in Abschnitt 4.4.3 gegeben. Die auf diesen Räumen aufbauenden Verfahren haben, wie das klassische Mehrgitterverfahren, eine optimale Konvergenzrate unabhängig von der Raumdimension und auch die Eigenschaften der robusten Glättungsverfahren übertragen sich, wie in [15] und [16] experimentell nachgewiesen wurde. Ein Mehrgitterverfahren dieser Art für unstrukturierte Gitter wurde bereits von Rivara in [85] angegeben. Im Falle (lokal) strukturierter Gitter wurden ähnliche Verfahren schon von vielen Autoren verwendet, so etwa schon von Brandt [35] oder McCormick[76][77]. Auch parallele Varianten wurden schon in Bastian-Ferziger-Horton-Volkert [12] oder Lemke-Quinlan [71] [72] vorgestellt.

Eine genaue Analyse der Verfahren, die auf (2.25) aufbauen, gelang allerdings erst mit den Arbeiten von Bramble-Pasciak-Xu [31], Yserentant [108], Bramble-Pasciak-Wang-Xu [32] und Oswald [81]. Um die erzielten Resultate formulieren zu können, wollen wir das Mehrgitterverfahren noch einmal auf einer abstrakteren Ebene herleiten. Dabei wird sich auch eine weitere Variante des Verfahrens ergeben.

2.4 Abstrakte Formulierung linearer Iterationsverfahren

In enger Anlehnung an Xu [106] beschreiben wir nun lineare Iterationsverfahren zur Lösung von (2.9) auf abstrakter Ebene als Iterationsverfahren in

Funktionenräumen, da damit die Struktur der Verfahren besonders deutlich wird. Mit der Definition der Operatoren

$$\left.\begin{array}{ll} \mathcal{A} : \mathcal{V} \to \mathcal{V} & (\mathcal{A}u, v)_0 = a(u, v) \\ \mathcal{Q} : L_2(\Omega) \to \mathcal{V} & (\mathcal{Q}F, v)_0 = (F, v)_0 \end{array}\right\} F \in L_2(\Omega), u \in \mathcal{V}, \forall v \in \mathcal{V} \qquad (2.27)$$

ist (2.7) äquivalent zur Lösung der Gleichung

$$\mathcal{A}u = f \qquad (2.28)$$

im Funktionenraum $\mathcal{V}$ mit $f = \mathcal{Q}F$. Lineare Iterationsverfahren zur Lösung von (2.28) verbessern eine gegebene Lösung u^m durch eine approximative Lösung einer Gleichung für den Fehler $e^m = u - u^m$ (wir schreiben hier absichtlich u und e statt x und v, um deutlich zu unterscheiden, daß es sich hier um Funktionen und nicht um Vektoren handelt):

$$\mathcal{A}e^m = f - \mathcal{A}u^m \ . \qquad (2.29)$$

Wenn $\mathcal{B}$ eine approximative Inverse von $\mathcal{A}$ ist, d.h. $\mathcal{B} \approx \mathcal{A}^{-1}$, so ist ein lineares Iterationsverfahren gegeben durch

$$u^{m+1} = u^m + \mathcal{B}(f - \mathcal{A}u^m) \ . \qquad (2.30)$$

Die zentrale Komponente der Konstruktion geeigneter Operatoren $\mathcal{B}$ ist die Aufspaltung des Raumes $\mathcal{V}$ in $j + 1$ Teilräume, so daß

$$\mathcal{V} = \bigcup_{k=0}^{j} \mathcal{V}_k \ . \qquad (2.31)$$

Hierbei muß die Zerlegung *nicht* eindeutig sein. Die Theorie verlangt auch nicht, daß es sich hier um Räume handelt, die der Bedingung (2.10) genügen. So wird die Wahl $\mathcal{V}_i = \mathrm{span}\{\phi_i^k\}$ das Punkt-Jacobi- bzw. Gauß-Seidel-Verfahren auf der Stufe k liefern. Eine andere Möglichkeit ist es, die Räume durch Zerlegung von Ω in Teilgebiete zu erzeugen, wie bei Gebietszerlegungsverfahren. Aufgrund der Aufspaltung (2.31) ergeben sich die folgenden Operatoren:

$$\left.\begin{array}{ll} \mathcal{A}_k : \mathcal{V}_k \to \mathcal{V}_k & (\mathcal{A}_k w, v)_0 = (w, v)_A \\ \mathcal{Q}_k : \mathcal{V} \to \mathcal{V}_k & (\mathcal{Q}_k u, v)_0 = (u, v)_0 \\ \mathcal{P}_k : \mathcal{V} \to \mathcal{V}_k & (\mathcal{P}_k u, v)_A = (u, v)_A \end{array}\right\} u \in \mathcal{V}, w \in \mathcal{V}_k, \forall v \in \mathcal{V}_k \ . \qquad (2.32)$$

Q_k und P_k sind orthogonale Projektionen von V in V_k bezüglich des L_2-Skalarproduktes bzw. bezüglich des Energieskalarproduktes. A_k ist die Beschränkung des Operators A auf V_k. Zusätzlich seien approximative Inversen R_k der Operatoren A_k gegeben, d.h. $R_k \approx A_k^{-1}$. Wir unterscheiden nun zwei grundlegende Vorgehensweisen, das *additive* und das *multiplikative* Iterationsverfahren.

Definition 2.3 Additives, lineares Iterationsverfahren. Ausgehend von einer Näherung u^m definiert

$$u^{m+1} = u^m + \sum_{k=0}^{j} R_k Q_k (f - A u^m) \tag{2.33}$$

das additive Iterationsverfahren. Für B aus (2.30) gilt damit

$$B^A = \sum_{k=0}^{j} R_k Q_k \ . \tag{2.34}$$

Definition 2.4 Multiplikatives, lineares Iterationsverfahren. Ausgehend von einer Näherung u^m berechnet sich u^{m+1} aus u^m durch folgende Rekursion:

$$u^{m+\frac{k+1}{j+1}} = u^{m+\frac{k}{j+1}} + R_{j-k} Q_{j-k} \left(f - A u^{m+\frac{k}{j+1}} \right) \ . \tag{2.35}$$

Dabei wurde die Reihenfolge so gewählt, daß der Raum V_0 zuletzt bearbeitet wird, um mit der Bezeichnung im Mehrgitterverfahren kompatibel zu bleiben.

Die Bezeichnung der beiden Verfahren ist motiviert durch die Form des Fehlerfortpflanzungsoperators $e^{m+1} = \mathcal{E} e^m$, der mit der Abkürzung $T_k = R_k Q_k A$ für das additive Verfahren die Form

$$\mathcal{E}^A = \mathcal{I} - \sum_{k=0}^{j} T_k \tag{2.36}$$

Tab. 2.1 Mehrgitterverfahren für lokal verfeinerte Gitter.

Aufspaltung	Additiv	Multiplikativ
$\bar{\mathcal{V}}_k$	*Hier. Basis* Yserentant [107]	*Hier. Basis MG* Bank-Dupont-Yserentant [8]
$\tilde{\mathcal{V}}_k$	*BPX* Bramble-Pasciak-Xu [31]	*lokales Mehrgitter* Rivara [85], BPWX [32], Bastian [15]

und für das multiplikative Verfahren die Form

$$\mathcal{E}^M = (\mathcal{I} - \mathcal{T}_0)(\mathcal{I} - \mathcal{T}_1)\ldots(\mathcal{I} - \mathcal{T}_{j-1})(\mathcal{I} - \mathcal{T}_j) \tag{2.37}$$

hat.

Kombiniert man das additive bzw. multiplikative Vorgehen mit den im letzten Abschnitt eingeführten Aufspaltungen (2.22) bzw. (2.25) und setzt $\mathcal{R}_0 = \mathcal{A}_0^{-1}$, so erhält man die vier verschiedenen Mehrgitterverfahren für lokal verfeinerte Gitter in Tabelle 2.1. Wir verwenden in dieser Arbeit nur die Verfahren in der zweiten Zeile, also BPX und lokales Mehrgitterverfahren. Es ist noch anzumerken, daß das additive Verfahren i. allg. als Vorkonditionierer in einem cg-Verfahren eingesetzt wird. Das lokale Mehrgitterverfahren ist im Fall uniformer Verfeinerung identisch mit dem klassischen Mehrgitterverfahren, da dann $\mathcal{V}_k = \tilde{\mathcal{V}}_k$ für alle k gilt.

2.5 Konvergenzresultate

Wir zitieren hier die relevanten Konvergenzresultate für die in dieser Arbeit betrachteten Verfahren. Neben dem Energieskalarprodukt wird in Yserentant [109] noch das L_2-ähnliche Skalarprodukt

$$(u, v) = \sum_{t \in T_0} \frac{1}{\text{area}(t)} \int_t uv \, dx \tag{2.38}$$

verwendet.

Satz 2.1 Konvergenz des multiplikativen Mehrgitterverfahrens.
Die Koeffizienten $k_{ij}(x)$ im kontinuierlichen Problem (2.2) seien stetig differenzierbar und die Glätter $\mathcal{R}_k$ gehorchen der Bedingung

$$c_1(u_k, u_k)_A \leq (u_k, \mathcal{R}_k^{-1} u_k) \leq c_2 4^k (u_k, u_k) \quad k > 0, u_k \in \mathcal{V}_k \qquad (2.39)$$

mit $c_1^{-1} < 2$. Bei uniformer Verfeinerung konvergiert dann das multiplikative Mehrgitterverfahren mit der Konvergenzrate

$$\rho \leq 1 - \frac{1}{C}, \qquad (2.40)$$

wobei $C > 1$ ist. Das Resultat läßt sich auf den Fall lokaler Verfeinerung übertragen und gilt dann für die Aufspaltung $\tilde{\mathcal{V}}_k$ und ist unabhängig von der Raumdimension. Für den Beweis verweisen wir auf Yserentant [109].

Die untere Abschätzung in (2.39) mit $c_1^{-1} < 2$ ist identisch mit der Bedingung (3.1.5) in Wittum [104], nach der die kleinsten Eigenwerte der Iterationsmatrix des Glätters von -1 weg beschränkt bleiben müssen (uniform in j !). Dies läßt sich leicht durch Dämpfen oder Modifizieren (siehe [104]) erreichen. In der Schreibweise mit Matrizen bedeutet die obere Abschätzung in (2.39) nur, daß die maximalen Eigenwerte von W_k in (2.16) mit einer Konstante nach oben beschränkt werden können. Für das multiplikative Verfahren gilt die folgende Aussage:

Satz 2.2 Konvergenz des additiven Mehrgitterverfahrens. Die Koeffizienten $k_{ij}(x)$ im kontinuierlichen Problem seien stetig differenzierbar und die Glätter $\mathcal{R}_k$ gehorchen der Bedingung

$$c_1 4^k(u_k, u_k) \leq (u_k, \mathcal{R}_k^{-1} u_k) \leq c_2 4^k (u_k, u_k) \quad k > 0, u_k \in \mathcal{V}_k \qquad (2.41)$$

dann gilt

$$\kappa(\mathcal{B}^A \mathcal{A}) \leq C \qquad (2.42)$$

mit $\mathcal{B}^A$ aus (2.34). C ist unabhängig von j aber nicht unbedingt kleiner als 2. Auch dieses Ergebnis kann wie oben auf den Fall lokaler Verfeinerung ausgedehnt werden und ist unabhängig von der Raumdimension. Zum Beweis sei wieder auf Yserentant [109] verwiesen.

Die Forderung (2.41) ist restriktiver als (2.39) und bedeutet für eine Iteration der Form (2.16), daß die extremen Eigenwerte von W_k unabhängig von k beschränkt bleiben müssen, d.h. die Kondition bleibt beschränkt. Dies schließt formal den Fall robuster Glätter aus, da diese Bedingung im Extremfall $W_k = A_k$ sicher verletzt ist. Trotzdem ist auch die Verwendung robuster Glätter für das additive Mehrgitterverfahren sinnvoll, wie die Ergebnisse in [16] zeigen.

In den beiden bisher behandelten Sätzen wurden die Koeffizienten des kontinuierlichen Problems als stetig differenzierbar vorausgesetzt. Im Falle stark springender Koeffizienten gibt es fast optimale Resultate, die nicht von der Größe der Sprünge abhängen.

Satz 2.3 Konvergenz des multiplikativen Mehrgitterverfahrens für springende Koeffizienten. Ω zerfalle in Teilgebiete Ω_i. Auf jedem Teilgebiet sollen die Koeffizienten nur schwach variieren, zwischen den Teilgebieten können jedoch starke Sprünge auftreten. Die Triangulierung T_0 muß die Grenzen der Teilgebiete enthalten. Dann ist die Konvergenzrate des multiplikativen Mehrgitterverfahrens von der Form

$$\rho = 1 - \frac{1}{C j^{1+\gamma}} \tag{2.43}$$

wobei C unabhängig von der Größe der Sprünge ist. Dabei ist $\gamma = 0$ zu setzen, falls es keinen Punkt gibt, der zu mehr als zwei Gebieten $\bar{\Omega}_i$ gehört, sonst ist $\gamma = 1$. Das Resultat gilt in zwei Raumdimensionen, bei drei Raumdimensionen gilt nur der Fall $\gamma = 0$ (keine Kreuzungspunkte). Für einen Beweis verweisen wir auf Bramble-Pasciak-Wang-Xu [32].

2.6 Implementierung der Verfahren auf seriellen Rechnern

Für eine Implementierung der Verfahren gibt die abstrakte Formulierung in Funktionenräumen wenig Anhaltspunkte. Wir überzeugen uns deshalb, daß der Einsatz der Knotenbasis genau zur üblichen Formulierung von Mehrgitterverfahren führt. Danach betrachten wir dann im Detail die Implementierung der Mehrgitteralgorithmen auf geschachtelten Gitterhierarchien, wobei wir uns auf BPX und lokales Mehrgitterverfahren konzentrieren.

Das additive Verfahren besteht aus der Aufsummation der einzelnen Teilraumkorrekturen

$$y_k = \mathcal{R}_k \mathcal{Q}_k (f - \mathcal{A}u^m) \ .$$
(2.44)

Die y_k erhält man durch *näherungsweise* Lösung der Gleichung

$$\mathcal{A}_k y_k = \mathcal{Q}_k (f - \mathcal{A}u^m) \ .$$
(2.45)

Mit der Abkürzung $r = f - \mathcal{A}u^m$ und dem Ansatz $y_k = \sum_{i=1}^{n_k} z_i^k \phi_i^k$ ergibt sich das lineare Gleichungssystem für die Koeffizienten z_k

$$
\begin{aligned}
& \left(\mathcal{A}_k \left(\sum_{i=1}^{n_k} z_i^k \phi_i^k \right), \phi_l^k \right)_0 = (\mathcal{Q}_k r, \phi_l^k)_0 \quad l = 1, \ldots, n_k \\
\Leftrightarrow \quad & \sum_{i=1}^{n_k} z_i^k a(\phi_i^k, \phi_l^k) = (r, \phi_l^k)_0 \qquad l = 1, \ldots, n_k \\
\Leftrightarrow \quad & \qquad\qquad A_k z_k = d_k \ ,
\end{aligned}
$$
(2.46)

Da im Rechner immer nur mit den Skalarprodukten $(\mathcal{Q}_k r, \phi_l^k)_0$ gearbeitet wird, sind nie Gleichungssysteme mit der Massenmatrix zu lösen. Diese wäre nur nötig, wenn man wirklich die Koeffizienten der *Funktion* $\mathcal{Q}_k r$ bezüglich der Basis Φ_k berechnen wollte. Verwenden wir ein lineares Iterationsverfahren wie etwa Jacobi, Gauß-Seidel oder ILU als Glätter, so sei dies durch eine additive Aufspaltung der Matrix A_k beschrieben:

$$A_k = W_k - N_k \ .$$
(2.47)

Mit $M_k = W_k^{-1}$ ergibt sich dann näherungsweise $z_k = M_k d_k$ und somit für die Funktionen y_k:

$$y_k = \sum_{i=1}^{n_k} z_i^k \phi_i^k = \sum_{i=1}^{n_k} \left(\sum_{l=1}^{n_k} m_{il}^k (r, \phi_l^k)_0 \right) \phi_i^k \ .$$
(2.48)

Speziell mit einem Jacobi-Schritt als Glätter ergibt sich die Form

$$y_k = \sum_{i=1}^{n_k} \frac{(r, \phi_i^k)_0}{a(\phi_i^k, \phi_i^k)} \phi_i^k \ ,$$
(2.49)

und damit für das ganze Verfahren

$$\mathcal{B}^A r = \mathcal{A}_0^{-1} \mathcal{Q}_0 r + \sum_{k=1}^{j} \sum_{i=1}^{n_k} \frac{(r, \phi_i^k)_0}{a(\phi_i^k, \phi_i^k)} \phi_i^k \; . \tag{2.50}$$

Speziell diese Form hat Bramble-Pasciak-Xu [31] dazu bewogen, dieses Verfahren für Parallelrechner vorzuschlagen, da die einzelnen Summanden offensichtlich parallel berechnet werden können. Dies täuscht allerdings, da die Skalarprodukte $(r, \phi_i^k)_0$ für $k < j$ nur rekursiv in einer effizienten Art und Weise berechnet werden können.

Sei $k = j$, dann gilt

$$d_i^k = (f - \mathcal{A}u^m, \phi_i^k)_0 = (f, \phi_i^k)_0 - \sum_{l=1}^{n_k} x_l^m a(\phi_l^k, \phi_i^k) \tag{2.51}$$

und somit $d_j = b - Ax^m$ mit den Bezeichnungen aus (2.9). Der Vektor d_j ist somit exakt der „Defekt", der in der klassischen Formulierung des Mehrgitterverfahrens berechnet wird. Im Fall $k < j$ nutzen wir die Inklusion der Räume (2.10) zur Darstellung einer Basisfunktion auf dem nächst feineren Gitter, d.h. zu jedem ϕ_i^k gibt es Koeffizienten $w_{i,l}^k$, so daß

$$\phi_i^k = \sum_{l=1}^{n_{k+1}} w_{i,l}^k \phi_l^{k+1} \; . \tag{2.52}$$

Da die Basisfunktionen nur lokalen Träger haben, sind fast alle $w_{i,l}^k = 0$. Damit lassen sich die Werte d_k rekursiv berechnen:

$$d_i^k = (f - \mathcal{A}u^m, \phi_i^k)_0 = \sum_{l=1}^{n_{k+1}} w_{i,l}^k d_l^{k+1} \; . \tag{2.53}$$

Diese rekursive Beziehung ist identisch mit der Restriktion in der üblichen Formulierung. Die Prolongation steckt in der äußeren Summe von (2.50). Mit Hilfe der natürlichen Inklusion (2.52) erhält man dann eine Korrektur auf dem feinsten Gitter. Insgesamt ergibt sich somit ein V-Zyklusartiger Prozess. Die Interpretation läßt sich auf das multiplikative Verfahren übertragen, hier sind nur bei der Berechnung von d_k die vorangehenden Teilraumkorrekturen bereits zu berücksichtigen. Das multiplikative Verfahren aus Definition 2.4 entspricht damit genau einem klassischen V-Zyklus mit Vorglättung ($\nu_2 = 0$), so wie er in Algorithmus 2.1 angegeben wurde.

Das additive Mehrgitterverfahren kann in prozeduraler Form wie folgt angegeben werden.

Algorithmus 2.2 Additives Mehrgitterverfahren. Es sei eine geschachtelte Triangulierung $\mathcal{T}$ mit Tiefe j gegeben. Für die kanonische Prolongation von Stufe $k - 1$ auf k (siehe 2.20) schreiben wir wieder I_{k-1}^k und S_k^ν bezeichne wieder die ν-malige Anwendung des Glätters wie im multiplikativen Algorithmus.

amg (j, x_j, b_j) {

(1) $d_j = b_j - A_j x_j$;

(2) for $(k = j; k > 0; k = k - 1)\ d_{k-1} = (I_{k-1}^k)^T d_k$;

(3) for $(k = 1; k \leq j; k = k + 1)\ v_k = S_k^\nu d_k$;

(4) $v_0 = A_0^{-1} d_0$;

(5) for $(k = 1; k \leq j; k = k + 1)\ v_k = v_k + I_{k-1}^k v_{k-1}$;

(6) $x_j = x_j + v_j$;

}

Wir kommen nun zur konkreten Umsetzung der Verfahren auf dem Rechner. Dabei geht es speziell um die Berechnung der Korrekturen in den Räumen $\tilde{V}_k$ mit optimalem Gesamtaufwand. Betrachten wir hierzu das Beispiel in Abbildung 2.1 in einer Raumdimension. Die Gitterhierarchie enthält vier Stufen und es wurde jeweils ein Element pro Stufe verfeinert (halbiert), und die restlichen Elemente wurden auf die höheren Stufen kopiert. Wir teilen die Knoten jeder Stufe in Klassen ein, gegeben durch die Zahl unterhalb jedes Knotens. Sie werden folgendermaßen bestimmt:

Definition 2.5 Knotenmarkierung.

1. Alle Knoten v der Stufe 0, bzw. alle auf einer Stufe neu hinzugekommenen Knoten v erhalten die Markierung mark$(v) = 4$.

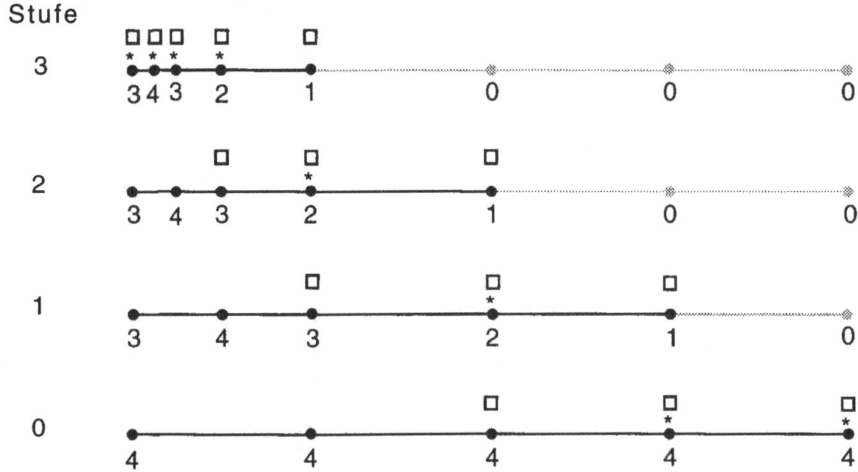

Abb. 2.1 Zur Definition der Knotenklassen und seriellen Implementierung des Mehrgitterzyklus.

2. Die Endknoten (Ecken) v aller Elemente der Stufe $k-1$, die regulär oder irregulär (nur für mehr als eine Raumdimension) verfeinert werden, erhalten auf Stufe k die Markierung $\mathrm{mark}(v) = 3$.

3. Alle noch nicht markierten Knoten v, die einen Nachbarn mit Markierung 3 besitzen erhalten die Markierung $\mathrm{mark}(v) = 2$.

4. Alle noch nicht markierten Knoten v, die einen Nachbarn mit Markierung 2 besitzen erhalten die Markierung $\mathrm{mark}(v) = 1$.

5. Alle jetzt noch nicht markierten Knoten v erhalten die Markierung $\mathrm{mark}(v) = 0$.

Die Beschränkung der Korrekturen auf die Räume $\bar{\mathcal{V}}_k$ bzw. $\tilde{\mathcal{V}}_k$ bedeutet in der Implementierung des Mehrgitterzyklus, daß die Glättung auf die Knoten der Klasse 4 bzw. 3 und 4 zu beschränken ist. Betrachten wir nun speziell einen multiplikativen Mehrgitterzyklus (Algorithmus 2.1) bei Korrektur auf den Räumen $\tilde{\mathcal{V}}_k$ für das Beispiel in Abbildung 2.1.

1. Im Schritt (1) des Mehrgitterzyklus wird der Defekt auf allen Knoten der Stufe 3 berechnet.

2. Die Glättung im Schritt (2) erzeugt aber nur Korrekturen auf den Knoten der Klassen 3 und 4.

3. Damit unterscheidet sich der Vektor r_3 von d_3 nur auf den Knoten der Klassen 2 und höher.

4. In Schritt (4) erfolgt nun die Restriktion von r_3 auf d_2. Betrachten wir auf Stufe 2 die Knoten deren entsprechender Nachfolgerknoten auf Stufe 3 eine Markierung 1 oder 0 trägt, so gilt: Wegen $d_2 = d_3$ an diesen Knoten, kann d_2 direkt auf Stufe 2 berechnet werden, falls die Startlösung an den Knoten aller Stufen initialisiert wurde. Da der Defekt jeweils nur an den Knoten mit Markierung größer gleich 2 benötigt wird, genügt es im Schritt (1) des Mehrgitterzyklus, die Berechnung des Defektes auf die mit einem $*$ gekennzeichneten Knoten zu beschränken. Insbesondere bedeutet dies, daß alle schraffiert gezeichneten Objekte (Knoten mit Markierung 0 und Elemente, die nicht mindestens einen 2-Knoten als Endpunkt haben) nicht gespeichert werden müssen. Diese Argumentation kann rekursiv fortgesetzt werden bis Stufe 0 erreicht ist.

5. Nach der exakten Lösung auf Stufe 0 bleibt noch die Prolongation zu erläutern. Diese wird auf allen gespeicherten Knoten (also Markierung 1 und höher) durchgeführt. Da Knoten mit Markierung kleiner gleich 2 in der Nachglättung nicht mehr korrigiert werden, stehen in allen mit $\square$ gekennzeichneten Knoten gleiche Korrekturen. Erstreckt man also den Korrekturschritt des Mehrgitterzyklus (9) statt auf die feinste Stufe auf alle $\square$-Knoten, so kann der Defekt im nächsten Zyklus auf allen $*$-Knoten berechnet werden.

Sei $\mathcal{T}$ eine Triangulierung der Tiefe j, und sei V_k die Knotenmenge der Stufe k. Mit der Notation

$$(V_k)^{r-s} = \{v \in V_k | r \leq \mathrm{mark}(v) \leq s\} \tag{2.54}$$

sind die $*$-Knoten bzw. $\square$-Knoten der Stufe k, $k < j$ formal definiert durch:

$$(V_k)^* = (V_k)^{2-4} \cap (V_{k+1})^{0-1} \tag{2.55}$$

$$(V_k)^{\square} = (V_k)^{1-4} \cap (V_{k+1})^{0-2} \; . \tag{2.56}$$

Für $k = j$ gilt:

$$(V_j)^* = (V_j)^{2-4} \tag{2.57}$$
$$(V_j)^{\square} = (V_j)^{1-4} \; . \tag{2.58}$$

Damit können wir die serielle Implementierung des multiplikativen Mehrgitterzyklus folgendermaßen definieren:

mmg (j, x_j, b_j) {

(1) $d_j = b_j - A_j x_j$; auf $(V_j)^*$

    for $(k = j; k > 0; k = k - 1)$ {

(2) $v_k = S_k^{\nu_1} d_k$; auf $(V_k)^{3-4}$

(3) $r_k = d_k - A_k v_k$; auf $(V_k)^{2-4}$

(4) $d_{k-1} = b_{k-1} - A_{k-1} x_{k-1}$; auf $(V_{k-1})^*$

(5) $d_{k-1} = (I_{k-1}^k)^T r_k$; auf $(V_{k-1})^{2-4} \setminus (V_{k-1})^*$

    }

(6) $v_0 = A_0^{-1} d_0$;

    for $(k = 1; k \leq j; k = k + 1)$ {

(7) $v_k = v_k + I_{k-1}^k v_{k-1}$; auf $(V_k)^{1-4}$

(8) $r_k = d_k - A_k v_k$; auf $(V_k)^{2-4}$

(9) $v_k = v_k + S_k^{\nu_2} r_k$; auf $(V_k)^{3-4}$

(10) $x_k = x_k + v_k$; auf $(V_k)^{\square}$

    }

}

Die hier eingeführte Implementierungstechnik wird im nächsten Kapitel auf den parallelen Fall erweitert. Vorher behandeln wir jedoch noch eine alternative Diskretisierungstechnik und die verwendeten Fehlerindikatoren.

2.7   Eine Finite-Volumen-Diskretisierung

In der vorliegenden Implementierung wird eine skalare Konvektions-Diffus-ions-Gleichung mit einer Finite-Volumen-Methode diskretisiert. Dazu gehen wir von der Divergenzform der Gleichung in zwei Raumdimensionen aus

$$\nabla \cdot (-K(x,y)\nabla u + r(x,y)u) = f(x,y) \quad \text{in } \Omega \ . \tag{2.59}$$

Dabei erfülle $K(x,y)$ die Bedingungen wie in (2.2), und r sei ein divergenz-freies Vektorfeld. Auf die Randbedingungen gehen wir weiter unten ein. Wie bei einer Finite-Element-Methode nehmen wir an, daß Ω von einem Gitter bestehend aus Dreiecks- und konvexen Viereckselementen überdeckt wird. Dieses Gitter wird zur Definition der Ansatzfunktionen benutzt werden. Die Finite-Volumen-Methode benötigt noch eine weitere Zerlegung von Ω, das sog. *Boxgitter*. Dieses wird aus dem ersten Gitter durch Verbinden des Schwerpunktes jedes Elementes mit seinen Seitenmittelpunkten konstruiert. Abbildung 2.2(a) illustriert dieses Vorgehen. Man spricht auch von einem *knotenzentrierten* Finite-Volumen-Verfahren, da jedem Knoten v_i des ersten Gitters in eindeutiger Weise eine Box B_i des zweiten Gitters zugeordnet wer-den kann (auch am Rand von Ω!).

Die Integration von Gleichung (2.59) über eine Box B_i und die Anwendung des Gauß'schen Integralsatzes ergibt dann

$$-\int_{\partial B_i} \langle K(x,y)\nabla u, n\rangle ds + \int_{\partial B_i} \langle r(x,y)u, n\rangle ds = \int_{B_i} f(x,y)dx \ , \tag{2.60}$$

wobei $\langle .,.\rangle$, das euklidsche Skalarprodukt im $\mathbf{R}^2$ bezeichnet und n die äuße-re Normale ist. Hier wurde die linke Seite schon in den diffusiven und den konvektiven Anteil aufgespalten. Ein diskretes Gleichungssystem für die un-bekannten Werte von u in den Knoten des ersten Gitters erhält man nun durch die Approximation der Größen ∇u und u mit Hilfe der Ansatzfunk-tionen. Die Ansatzfunktion für den diffusiven Teil werden stückweise linear (bilinear) auf Dreiecken (Vierecken) gewählt. Im konvektiven Teil definiert man u auf der Kontrollvolumengrenze wie folgt:

$$u(x,y) = \begin{cases} u_i & \langle s_{ij}, r(x,y)\rangle \geq 0 \\ u_j & \text{sonst} \end{cases} \quad (x,y) \in \partial B_i \cap \partial B_j \wedge i \neq j \ , \tag{2.61}$$

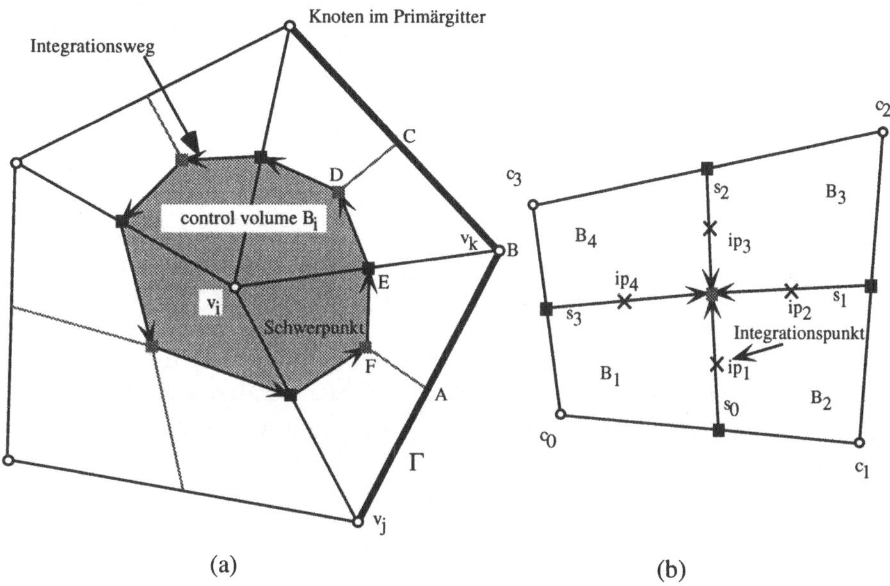

Abb. 2.2 Konstruktion der Kontrollvolumen (a) und Illustration des Assemblierungsvorganges (b).

wobei s_{ij} die gemeinsame Kante von B_i und B_j ist mit mathematisch positiver Orientierung um Knoten v_i. Diese Wahl führt zu einer einfachen Upwind-Stabilisierung erster Ordnung. In der Praxis erfolgt die Erstellung der globalen Steifigkeitsmatrix wie gewohnt, in dem in einer Schleife über alle Elemente alle Linienintegrale innerhalb eines Elementes berechnet werden. Das Integral über ein Geradensegment wird mit der Mittelpunktsregel approximiert, d.h. der Wert im Mittelpunkt eines Geradensegmentes (*Integrationspunkt*) wird mit der Länge multipliziert (siehe Abbildung 2.2(b)).

Hackbusch [52] zeigt, daß im Fall $K(x,y) = k(x,y)I, r = 0$, T_k enthält nur Dreiecke, die so entstehende Steifigkeitsmatrix der Finite-Volumen-Methode identisch ist mit der in (2.9) eingeführten Matrix. Die rechten Seiten unterscheiden sich nur um $O(h_k^2)$. Somit lassen sich die Fehlerabschätzungen für finite Elemente verwenden, man erhält also z.B. quadratische Konvergenz in der L_2-Norm, falls $U \in H_0^2(\Omega)$ gilt (siehe etwa [50],[29]). Auch die Eigenschaften der Steifigkeitsmatrix übertragen sich von der Finite-Element-Methode, so ist A_k eine M-Matrix, falls (bei Dirichlet Randbedingungen,

$K(x,y) = I, r = 0$) die Summe der zwei einer Kante gegenüberliegenden Winkel immer kleiner oder gleich π ist (siehe [89]). Der Konvektionsterm wird von der vorgestellten Methode mit der Ordnung $O(h_k)$ approximiert und die M-Matrix Eigenschaft bleibt erhalten, solange r diskret divergenzfrei auf T_k ist.

Behandlung der Randbedingungen

Zur Illustration der Randbedingungen sei angenommen daß die in Abbildung 2.2(a) fett gezeichneten Kanten Teil des Gebietsrandes seien. Die zu dem Knoten v_k gehörige Box B_k ist dann durch den Weg A, B, C, D, E, F, A definiert.

Bei Dirichlet-Randbedingungen in v_k ist der Wert $u(v_k)$ bekannt und kann in den Zeilen, die darauf zugreifen, eliminiert werden.

Eine Vorgabe von

$$\langle -K(x,y)\nabla u + r(x,y)u, n \rangle = g \tag{2.62}$$

kann durch zusätzliche Integration über die Strecke A, B, C berücksichtigt werden, der Beitrag dieser Strecken wird dann gerade durch die Funktion g gegeben. Der Knoten v_k ist dann natürlich als Unbekannte zu führen. Für $r = 0$ und $g = 0$ entspricht dies gerade einer Neumannschen Randbedingung $\frac{\partial u}{\partial n} = 0$. Diese Randbedingung bedeutet physikalisch, daß der Fluß über den Rand vorgegeben ist (bzw. kein Fluß wenn $g = 0$)

Gerade im Fall der konvektionsdominierten Strömung benötigt man aber häufig sog. *Ausflußrandbedingungen*. Diese modellieren wir, in dem über die Strecke A, B, C wie über innere Kanten integriert wird. Die Approximation von u und ∇u ist durch das eindeutige, an der jeweiligen Strecke anliegende Element gegeben. Die Behandlung wird plausibel, wenn wir annehmen, daß r auf den Strecken AB und BC jeweils nach außen zeigt. Die Flußbilanz für die Box B_k besagt dann gerade, daß alles, was über innere Kanten in B_k hineinfließt, über die Randkanten ausfließen muß.

2.8   Fehlerschätzer

Residuumsfehlerschätzer

Für Probleme des Typs

$$
\begin{aligned}
-\nabla \cdot (\epsilon(x,y)\nabla U) &= F \quad \text{in } \Omega \\
U &= g_D \quad \text{auf } \Gamma_D \\
\frac{\partial U}{\partial n} &= g_N \quad \text{auf } \Gamma_N
\end{aligned}
\tag{2.63}
$$

existieren sehr einfache Fehlerschätzer auf der Basis des Finite-Element-Residuums, d.h. man setzt die berechnete die Näherungslösung u aus dem Ansatzraum $\mathcal{V}$ in die Differentialgleichung ein, um zu sehen, wie gut sie erfüllt ist. Da zweite Ableitungen berechnet werden müssen, die Ansatzfunktionen aber nur stückweise linear sind (Dreiecke), geht man dabei von der schwachen Formulierung aus. Eine Herleitung dieser Fehlerschätzer und einen ausführlichen Vergleich mit anderen Ansätzen findet man bei Verfürth in [98]. Wir beschränken uns hier auf das Ergebnis und einige Implementierungshinweise.

Zur Beschreibung des Fehlerschätzers müssen wir einige Normen einführen. Für $\omega \subseteq \Omega$, offen, mit polygonal begrenztem Rand γ benötigen wir die Räume $L^2(\omega)$, $H^1(\omega)$ und $L^2(\gamma)$ mit den Normen

$$
\|\varphi\|_{0;\omega} = \left\{ \int_\omega \varphi^2 dx \right\}^{1/2} ,
$$

$$
\|\varphi\|_{1;\omega} = \left\{ \int_\omega \varphi^2 + |\nabla\varphi|^2 dx \right\}^{1/2} ,
$$

$$
\|\varphi\|_{2;\gamma} = \left\{ \int_\gamma \varphi^2 ds \right\}^{1/2} .
$$

Weiter setzen wir, um Indizes zu sparen, für dieses Kapitel $T = T_j$, da sich alle Berechnungen auf das "feinste" Gitter beziehen. Daneben benötigen wir noch verschiedene Mengen von *Kanten* des Gitters:

$$
\begin{aligned}
E_t &= \{e \,|\, e \text{ ist Seite von } t\} \;, \\
E &= \{e \,|\, e \in E_t, \forall t \in T\} \;, \\
E_I &= \{e \in E \,|\, e \cap (\Gamma_D \cup \Gamma_N) = \emptyset\} \;, \\
E_N &= \{e \in E \,|\, e \cap \Gamma_N \neq \emptyset\} \;.
\end{aligned}
$$

Bei stückweise konstanten Ansatzfunktionen auf Dreiecken ist der Gradient an den Kanten des Gitters unstetig. Als Maß für die zweite Ableitung des Gradienten auf einer Kante $e \in E_I$ in der Richtung n_e orthogonal zur Kante dient die folgende Sprungfunktion:

$$
[\varphi]_e(x) = \lim_{z \to 0+} \varphi(x + zn_e) - \lim_{z \to 0+} \varphi(x - zn_e) \quad x \in e \;. \tag{2.64}
$$

Mit diesen Abkürzungen gilt dann nach [98]:

$$
\|U - u\| \leq c \left\{ \sum_{t \in T} \eta_R^2(t) \right\}^{1/2} \tag{2.65}
$$

mit

$$
\eta_R(t) = \left\{ h_t^2 \|F\|_{0;t}^2 + \sum_{e \in E_N \cap E_t} h_e \|g_N - \varepsilon n_e \cdot \nabla u\|_{2;e}^2 \right.
$$
$$
\left. + \frac{1}{2} \sum_{e \in E_I \cap E_t} h_e \|[\varepsilon n_e \cdot \nabla u]_e\|_{2;e}^2 \right\}^{1/2} \;, \tag{2.66}
$$

wobei h_t der Durchmesser des Dreiecks t und h_e die Länge der Kante e ist. Die Größe $\eta_R(t)$ kann lokal pro Element berechnet werden und hängt nur noch von den Daten F, g_N, der Gittergeometrie und der Näherungslösung u ab. Die Auswertung der Normen erfolgt in der Praxis nur näherungsweise mit Quadraturformeln. Wir verwenden dazu die Mittelpunktsregel.

Skalierter Gradient

Für die Konvektions-Diffusions-Gleichung mit dominanter Konvektion verwenden wir den Gradient skaliert mit der lokalen Elementgröße als Fehlerindikator. Als lokal pro Element zu berechnende Größe ergibt sich

$$\eta_G(t) = h_t \|\nabla u(s_t)\| \,, \tag{2.67}$$

wobei s_t den Schwerpunkt des Elementes t bezeichnet.

Auswahlstrategie

Aufgabe der Auswahlstrategie ist es, aus den lokalen Elementgrößen $\eta(t)$, wie sie oben definiert wurden, abzuleiten, welche Elemente zur Verfeinerung ausgewählt werden. Der folgende Algorithmus zeigt die in UG gewählte Strategie.

Algorithmus 2.3 Auswahlstrategie. Gegeben sei eine Triangulierung T, eine Abbildung $\eta : T \to \mathbf{R}$ (η ist die Ausgabe eines Fehlerschätzers oder Indikators) und eine Toleranz TOL. Nachfolgender Algorithmus markiert dann die Elemente zur Verfeinerung. Die Konstante C ist frei wählbar, in allen praktischen Beispielen am Ende dieser Arbeit wurde $C = 4$ verwendet.

```
FlagForRefinement (T, η, TOL) {
    m = max η(t);
        t∈T
    if (m ≤ TOL) return;
    for (t ∈ T)
        if (η(t) ≥ min(TOL, m/C)) flag t for refinement;
}
```

3 Parallelisierung des Mehrgitterverfahrens

3.1 Überblick

Die Parallelisierbarkeit des Mehrgitterverfahrens wurde bereits 1978 von Grosch [46] untersucht, also nur wenige Jahre nach der Einführung des Mehrgitterverfahrens in die Numerik durch Brandt [34] (1972) und Hackbusch [48] (1976). Einen ausführlichen Überblick über die Parallelisierung des Mehrgitterverfahrens gibt die Arbeit von McBryan et al. [75].

Zunächst ist zu klären, welche Art von Parallelrechner wir betrachten wollen. Hier scheint sich die Klasse der MIMD-Rechner (*multiple instruction multiple data*) mit verteiltem Speicher immer mehr durchzusetzen, denn fast alle modernen Parallelrechner, wie Intel Paragon, CM-5, Cray T3D, KSR etc. bauen auf diesem Prinzip auf. Die Kommunikation kann dabei über expliziten Nachrichtenaustausch oder virtuell gemeinsamen Speicher erfolgen. Da nur die Technik des expliziten Nachrichtenaustausches eine weitgehende Portabilität erlaubt, haben wir dieses Modell unseren Betrachtungen zugrunde gelegt. Innerhalb dieser Architekturklasse beschränken wir uns weiterhin auf Systeme, die aus einer moderaten Zahl von leistungsfähigen Prozessoren bestehen. Dabei soll die Prozessorleistung und der Speicherausbau des Einzelprozessors in einem ausgewogenem Verhältnis zur Zahl der Prozessoren und der Leistungsfähigkeit des Verbindungsnetzwerkes stehen. Damit ist eine ausreichend grobe Granularität der vorgestellten Algorithmen gesichert. Als grober Anhaltspunkt sei erwähnt, daß bei Lösung rechenintensiver Probleme (etwa Navier-Stokes) mit voller Adaptivität und den in dieser Arbeit vorgestellten Methoden bestimmt 256 Prozessoren einer Intel Paragon (32 MByte pro Knoten) sinnvoll eingesetzt werden können.

Die wesentliche Beobachtung hinsichtlich der Parallelisierung des Mehrgitterverfahrens ist, daß alle Komponenten, bei geeigneter Wahl des Glätters, inhärent parallel sind. Am Algorithmus selbst ist demnach nichts zu verändern, es müssen nur die auszuführenden Operationen in geeigneter Weise auf die Prozessoren aufgeteilt werden. Da die Operationen direkt den Knoten bzw. Elementen des Gitters entsprechen, genügt es, die Gitterhierarchie geeignet auf die Prozessoren aufzuteilen, man spricht von *grid partitioning*. Da alle Operationen (wieder geeignete Wahl des Glätters vorausgesetzt) nur Daten der nächsten Nachbarn im Gitter benötigen, ist Kommunikation nur zwischen Prozessoren erforderlich, deren Gitterteile aneinanderstoßen. Im Fall regulärer Gitter ist die Aufteilung auf die Prozessoren trivial, bei blockstrukturierten und insbesondere bei den hier betrachteten irregulären Gittern ist dies jedoch eine Hauptschwierigkeit.

Ein weiteres Problem ist die Auswahl geeigneter Glättungsiterationen. Leicht parallelisierbar sind die Punkt-Jacobi-Iteration, das Schachbrett-Gauß-Seidel-Verfahren (allgemein: Mehrfarben-Gauß-Seidel-Verfahren) und inexakte Block-Jacobi-Iterationen, die dadurch entstehen, daß jeder Prozessor auf seinen Unbekannten ein beliebiges Iterationsverfahren durchführt und für die Unbekannten in anderen Prozessoren alte Werte verwendet. Solange in Gleichung (2.59) die Diffusion dominiert, $K(x,y) = k(x,y) \cdot I$ ist und das Gitter isotrop ist (alle Elementseiten in etwa gleich lang) ergeben die genannten Glättungsverfahren eine ausreichend gute Konvergenzrate. Wird das Problem jedoch konvektionsdominiert oder anisotrop, so wird man aus numerischen Gründen robuste Glättungsverfahren einsetzen, und diese sind i. allg. nicht mehr gut parallelisierbar. Zur Auswahl stehen hier in zwei Raumdimensionen etwa das ILU- oder Gauß-Seidel-Verfahren (nur konvektionsdominiert) mit speziellen Numerierungstechniken (siehe [103],[16]) oder zeilenweises Block-Jacobi- bzw. Zebra-Gauß-Seidel-Verfahren in alternierenden Richtungen. Die Parallelisierung des ILU-Verfahrens gelingt noch recht gut für strukturierte Gitter und lexikographische Numerierung (siehe Bastian-Horton [14]), der Ansatz führt jedoch bei irregulären Gittern und beliebiger Numerierung auf ein komplexes Lastverteilungsproblem. Die Parallelisierung der zeilenweisen Verfahren führt zur parallelen Auflösung von tridiagonalen Matrizen, die nicht sehr effizient möglich ist, und die Übertragung auf irreguläre Gitter erfordert erst eine neue Definition des Begriffes einer „Zeile". Die Parallelisierung robuster Glättungsverfahren für irreguläre Gitter ist demnach noch weitgehend ungeklärt.

Die theoretische, parallele Komplexität des Mehrgitterverfahrens beträgt $O(j)$, wobei j, wie üblich, die Zahl der Stufen bezeichnet. Dies gilt auch für das additive Mehrgitterverfahren, denn die Restriktion (Prolongation) ist stufenweise von oben (unten) nach unten (oben) durchzuführen. Auf den groben Gittern kommt hinzu, daß weniger Arbeit zu verteilen ist, d. h. es können unter Umständen nicht mehr alle Prozessoren sinnvoll eingesetzt werden. Wir verwenden hier eine als *coarse grid agglomeration* bekannte Technik, die auf jeder Stufe gerade soviele Prozessoren einsetzt wie sinnvoll erscheinen. Bei ausreichendem Wachstum des Gitters von Stufe zu Stufe erhält man bereits eine gute Gesamteffizienz, wenn die Operationen auf den obersten Gitterstufen effizient parallelisiert werden können. Die Arbeit auf den groben Gittern stellt dann nur einen kleinen Teil der Gesamtarbeit dar. Für massiv parallele Architekturen (etwa CM-2) wurden Varianten des Mehrgitterverfahrens entwickelt, die parallel mehrere Grobgitterkorrekturen berechnen und diese zur Verbesserung der Konvergenzrate oder erhöhter Robustheit nutzen (siehe [14],[75]). Im Rahmen des adaptiven Verfahrens (wie auch bei geschachtelter Iteration) ist zu bemerken, daß bezogen auf die Gesamtlaufzeit, noch mehr Zeit auf groben Gittern verbracht wird. Dies ist jedoch inhärenter Bestandteil des Verfahrens und auch im Hinblick auf nichtlineare Probleme, bei denen man gute Startwerte benötigt, wird es keine Alternative zu diesem Vorgehen geben.

3.2   Datenpartitionierung für unstrukturierte Gitter

Nach der Formulierung der Mehrgitteralgorithmen im letzten Kapitel gehen wir nun auf die effiziente praktische Umsetzung auf Seriell- und Parallelrechnern ein. Die hier vorgestellten Ideen werden auch die Entwicklung der Datenstruktur leiten.

Grundlage der Parallelisierung ist eine eindeutige Abbildung der *Elemente* einer Gitterhierarchie $\mathcal{T}$ auf die Menge der Prozessoren P:

$$m : \mathcal{T} \rightarrow P = \{0, 1, \ldots, n_p - 1\} \ . \tag{3.1}$$

Diese Abbildung m zu bestimmen, ist Aufgabe des Lastverteilungsalgorithmus und wir betrachten sie in diesem Abschnitt einfach als gegeben. Ausgehend von der Abbildung m ergibt sich die Menge der Elemente bzw. Knoten, die ein Prozessor wirklich speichert:

Definition 3.1 Überlappung (Zuordnungsregeln 1). Die Menge der Elemente bzw. Knoten, die Prozessor p auf Stufe k speichert, seien mit T_k^p bzw. V_k^p bezeichnet. Für alle k und $t \in T_k$ mit $m(t) = p$, gilt:

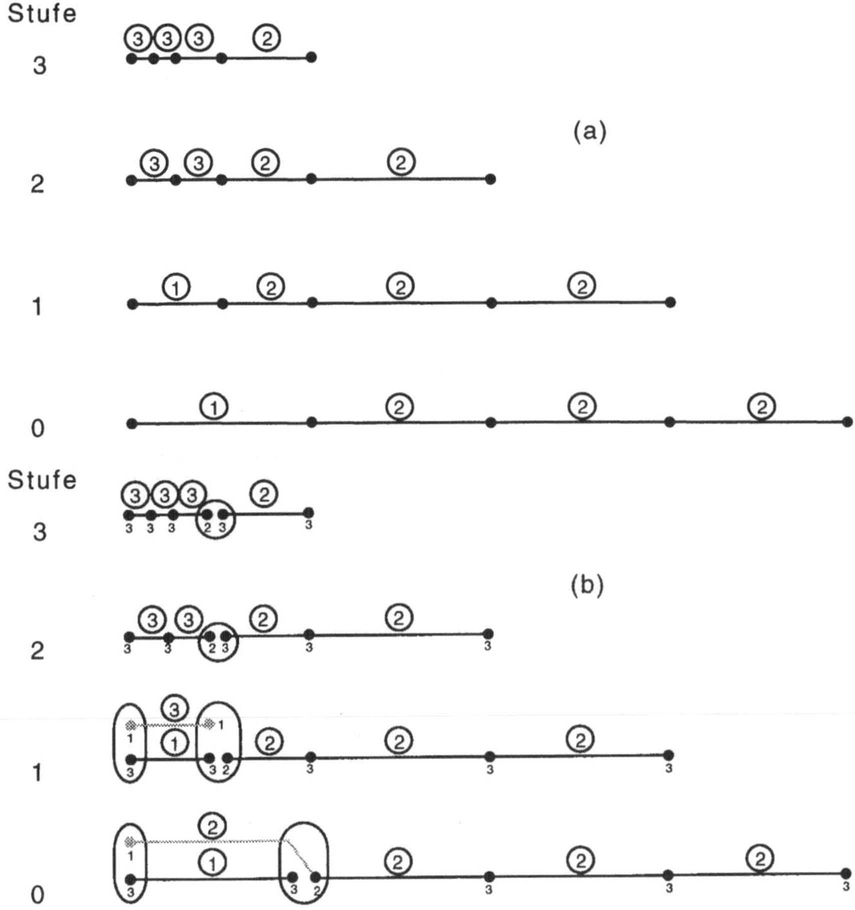

Abb. 3.1 Abbildung einer Gitterhierarchie auf mehrere Prozessoren.

1. $t \in T_k^p$.

2. Für alle Eckknoten v von t: $v \in V_k^p$.

3. Falls $k > 1$ gilt für das Vaterelement f von t: $f \in T_{k-1}^p$.

4. Für alle Eckknoten v von f: $v \in V_{k-1}^p$.

Dabei versteht man unter dem *Vaterelement* von t das Element, aus dem t durch Verfeinerung entstanden ist. Die Definition bewirkt eine überlappende Speicherung der Knoten und auch der Elemente. Betrachten wir dazu das

Beispiel in Abbildung 3.1. Hier wurde die Gitterhierarchie von Abbildung 2.1 willkürlich auf drei Prozessoren verteilt. Die eindeutige Zuordnung m der Elemente zu den Prozessoren ist durch Abbildung 3.1(a) gegeben, die Zahlen in den Kreisen bezeichnen die Prozessornummer. Mit den Regeln aus Definition 3.1 gibt sich eine Speicherung wie in 3.1(b).

Um unterscheiden zu können, ob $t \in T_k^p$ nach Regel 1 oder 3 in Definition 3.1 entstanden ist, ordnen wir jeder Kopie eines Elementes auf einem Prozessor eine Zahl, die *Priorität*, zu. Entsprechendes gilt auch für die Knoten. Die Prioritäten dienen dazu, zu entscheiden, welcher Prozessor welche Operationen ausführen muß, und sind verschieden von den bereits eingeführten Markierungen, die bereits in der seriellen Implemtierung erforderlich waren.

Definition 3.2 Prioritäten. Sei $t \in T_k^p$, so bezeichnet $\mathrm{prio}(t, p)$ die Priorität des Elementes t auf Prozessor p, ebenso ist $\mathrm{prio}(v, p)$ die Priorität des Knotens v auf p. Für alle k und $t \in T_k$ mit $m(t) = p$, gilt:

1. $\mathrm{prio}(t, p) = 2$.

2. Für alle Eckknoten v von t: $\mathrm{prio}(v, p) = 2$.

3. Falls $k > 1$, f Vaterelement von t, $m(f) \neq p$: $\mathrm{prio}(f, p) = 1$.

4. Für alle Eckknoten v von f auf die Regel 2 für kein $t' \in T_{k-1}$ zutrifft, gilt: $\mathrm{prio}(v, p) = 1$.

5. Für $v \in V_k$ sei $M_v = \{q \in P | v \in V_k^q \wedge \mathrm{prio}(v, q) = 2\}$ und $p_{\min} \in M_v, p_{\min} < q \forall q \in M_v$, so setze $\mathrm{prio}(v, p_{\min}) = 3$.

In Abbildung 3.1(b) sind die Prioritäten der Elemente durch graue (Priorität 1) oder schwarze (Priorität 2) Darstellung angedeutet, die Prioritäten der Knoten sind durch kleine Zahlen an den Knoten angedeutet. Wie man sieht, entstehen Elemente mit Priorität 1 nur, wenn Vater- und Sohnelement nicht demselben Prozessor zugeordnet sind. Knoten der Priorität-1 entstehen höchstens als Ecken der Priorität-1-Elemente und sind später zur Implementierung des Zwischengittertransfers im Mehrgitterverfahren notwendig. Knoten an den Priorität-2-Elementen haben üblicherweise auch die Priorität 2, da es jedoch mehrere Kopien eines Knotens auf verschiedenen Prozessoren mit Priorität 2 geben kann, wurde noch die Regel 5 zu Definition 3.2 hinzugefügt. Diese stellt sicher, daß genau einer der Priorität-2-Knoten mit der Priorität 3 ausgezeichnet wird. Damit steht auch eine eindeutige Zuordnung der Knoten auf Prozessoren zur Verfügung.

Zur genauen Beschreibung der parallelen Implementierung des Mehrgitterzyklus führen wir folgende Notation für die Knoten ein (unter Hinzunahme der Knotenmarkierungen):

Definition 3.3 Bezeichnung der Knoten. Mit

$$(V_k^p)^{r-s,w-z} = \{v \in V_k^p \mid r \leq \mathrm{mark}(v) \leq s \wedge w \leq \mathrm{prio}(v,p) \leq z\} \quad (3.2)$$

sei die Menge aller Stufe-k-Knoten in Prozessor p mit Markierung zwischen r und s, sowie Priorität zwischen w und z bezeichnet. Sei v_n der Knoten mit Index n in der globalen Numerierung von V_k, so gelte:

$$(V_k^p)_n^{r-s,w-z} = \begin{cases} v_n & \text{wenn } v_n \in (V_k^p)^{r-s,w-z} \\ \text{undefiniert sonst} \end{cases} . \quad (3.3)$$

Die Indexmenge der in einem Prozessor enthaltenen Knoten ist dann gegeben durch

$$I(p,k,r-s,w-z) = \left\{ n \in \mathbf{N} \mid (V_k^p)_n^{r-s,w-z} = \text{definiert} \right\} . \quad (3.4)$$

Bemerkung 3.1 Es gibt genau einen Prozessor p, der das Element t mit Priorität 2 besitzt, $(p = m(t))$ und es gibt auch nur genau einen Prozessor, der einen Knoten v mit Priorität 3 besitzt, d.h.

$$I(p,k,r-s,3-3) \cap I(q,k,r-s,3-3) = \emptyset \quad \forall p \neq q . \quad (3.5)$$

3.3   Matrizen und Vektoren

Kommen wir nun zur Implementierung der numerischen Komponenten. Da die Vektoren bei den hier behandelten Diskretisierungen den Knoten des Gitters entsprechen, übertragen sich die Bezeichnungen von Definition 3.3 sofort auf die Vektoren. Damit ist auch klar, daß eine Komponente eines Vektors unter Umständen auf mehrere Prozessoren verteilt sein kann entsprechend dem zugehörigen Knoten. Hier bieten sich nun drei Möglichkeiten an, die in den folgenden Definitionen festgehalten sind:

Definition 3.4 Konsistente Repräsentation eines Vektors. Ein Vektor x_k heißt konsistent gespeichert, wenn für alle Komponenten $(x_k)_n$ gilt:

$$(x_k^p)_n^{1-4,2-3} = (x_k)_n \quad \forall p \in \{q \in P \,|\, n \in I(q,k,1-4,2-3)\} \ . \quad (3.6)$$

Das bedeutet, daß in allen Kopien des Knotens der gleiche Wert steht.

Definition 3.5 Inkonsistente Repräsentation eines Vektors. Es heißt x_k inkonsistent gespeichert, wenn gilt:

$$(x_k)_n = \sum_{p \in \{q \in P \,|\, n \in I(q,k,1-4,2-3)\}} (x_k^p)_n^{1-4,2-3} \ . \quad (3.7)$$

Man beachte, daß die Definition sich explizit auf alle Knotenmarkierungen und die Prioritäten 2 bis 3 bezieht (Knoten mit Priorität 1 werden nur im Gittertransfer benötigt, siehe unten). Als Abkürzung für die inkonsistente Speicherung werden wir

$$x_k = \sum_{p \in P} x_k^p \quad (3.8)$$

schreiben.

Definition 3.6 Eindeutige Repräsentation eines Vektors. Eine spezielle Variante der inkonsistenten Speicherung ist die eindeutige Repräsentation. Sie ist gegeben durch:

$$(x_k^p)_n^{1-4,3-3} = (x_k)_n \quad n \in I(p,k,1-4,3-3) \quad (3.9)$$
$$(x_k^p)_n^{1-4,2-2} = 0 \quad n \in I(p,k,1-4,2-2) \ . \quad (3.10)$$

Dies bedeutet, daß nur die Kopie mit Priorität 3 den Wert der Komponente n des Vektors x_k enthält und alle anderen den Wert 0.

Die Notation läßt sich auch auf die Steifigkeitsmatrizen ausdehen, da ein Matrixelement jeweils einem *Paar* von Knoten entspricht. Beschränken wir uns auf quadratische Matrizen, so bezeichnet $(A_k^p)^{r-s,w-z}$ alle Matrixeinträge, die Knotenpaaren (v, v') entsprechen, mit $v, v' \in (V_k^p)^{r-s,w-z}$. Auf einzelne Matrixelemente kann nun mit einem Indexpaar (n, n') zugegriffen werden und auch die konsistente und inkonsistente Repräsentation überträgt sich vollkommen analog. Zu bemerken ist, daß im eindimensionalen Fall eine inkonsistente Speicherung nur für die Hauptdiagonalelemente vorkommen kann. Als Abkürzung für die inkonsistente Speicherung von Matrizen schreiben wir

$$A_k = \sum_{p \in P} A_k^p \,, \tag{3.11}$$

wobei jedes Matrixelement (n, n') über die Prozessoren zu summieren ist, die sowohl den Knoten n als auch den Knoten n' besitzen (mit Priorität jeweils 2 oder 3).

Die Überführung eines inkonsistent gespeicherten Vektors in einen konsistent gespeicherten Vektor erfordert einen Datenaustausch zwischen den Prozessoren (analog für Matrizen). Die beiden folgenden Algorithmen erfüllen diese Aufgaben.

Algorithmus 3.1 Überführen eines inkonsistenten Vektors in einen konsistenten Vektor.

VecCons (x_k^p) {

$\quad I_{p,q} = I(p, k, 1-4, 2-3) \cap I(q, k, 1-4, 2-3).$

$\quad Q_p = \{q \in P | q \neq p \wedge I_{p,q} \neq \emptyset\}.$

(1) $\forall q \in Q_p, n \in I_{p,q}$: Kopiere die Werte $(x_k^p)_n^{1-4,2-3}$ in einen Nachrichtenpuffer $M_{p,q}$.

(2) Datenaustausch: $\forall q \in Q_p$: sende $M_{p,q}$ an q und empfange $M_{q,p}$ von q.

(3) $\forall q \in Q_p, n \in I_{p,q}$: Hole $(x_k^q)_n^{1-4,2-3}$ aus $M_{q,p}$ und addiere:

$$(x_k^p)_n^{1-4,2-3} = (x_k^p)_n^{1-4,2-3} + (x_k^q)_n^{1-4,2-3}$$

}

Algorithmus 3.2 Überführen einer inkonsistenten Matrix in eine konsistente Matrix.

MatCons (A_k^p) {

$$I_{p,q} = \{(n,n')|n,n' \in (I(p,k,1-4,2-3) \cap I(q,k,1-4,2-3)) \\ \wedge(n = n' \vee n \text{ Nachbarknoten von } n')\}.$$

$$Q_p = \{q \in P|q \neq p \wedge I_{p,q} \neq \emptyset\}.$$

(1) $\forall q \in Q_p, n \in I_{p,q}$: Kopiere die Werte $(A_k^p)_{n,n'}^{1-4,2-3}$ in einen Nachrichtenpuffer $M_{p,q}$.

(2) Datenaustausch: $\forall q \in Q_p$: sende $M_{p,q}$ an q und empfange $M_{q,p}$ von q.

(3) $\forall q \in Q_p, n \in I_{p,q}$: Hole $(A_k^q)_{n,n'}^{1-4,2-3}$ aus $M_{q,p}$ und addiere:

$$(A_k^p)_{n,n'}^{1-4,2-3} = (A_k^p)_{n,n'}^{1-4,2-3} + (A_k^q)_{n,n'}^{1-4,2-3}$$

}

Schritt (1) in den obigen Algorithmen wird als *Gather*-Operation und Schritt (3) als *Scatter*-Operation bezeichnet. Algorithmus VecCons kann auch benutzt werden um einen inkonsistent gespeicherten Vektor in einen eindeutig gespeicherten Vektor zu überführen. Dazu erzeugt man erst einen konsistenten Vektor und setzt dann die Werte in den Kopien mit Priorität 2 auf 0.

Nach Abschnitt 2.7 wird die globale Steifigkeitsmatrix durch Aufsummation der Elementsteifigkeitsmatrizen gebildet. In der parallelen Version summiert jeder Prozessor nur über die Elemente, die ihm durch die Abbildung m zugeordnet wurden. Ist $m(t) = p$, so haben die Eckknoten von t nach Definition 3.2 die Priorität 2 oder 3, die Markierungen können 1 bis 4 sein. Somit entsteht in jedem Prozessor pro Stufe eine Matrix $(A_k^p)^{1-4,2-3}$ die in der inkonsistenten Form gespeichert ist. Analog werden die Beiträge jedes Elementes zur rechten Seite nur lokal in jedem Prozessor aufsummiert. Der Lösungsvektor x_k selbst wird in konsistenter Form gespeichert, und wir schreiben für das diskrete Problem zur Abkürzung:

$$\left(\sum_{p\in P} A_k^p\right) x_k = \sum_{p\in P} b_k^p \, . \tag{3.12}$$

3.4 Defektbildung

Sei $\tilde{x}_k$ eine konsistent gespeicherte Näherung der Lösung x_k. So ergibt sich der Defekt zu

$$d_k = \sum_{p \in P} b_k^p - \left(\sum_{p \in P} A_k^p \right) \tilde{x}_k = \sum_{p \in P} (b_k^p - A_k^p \tilde{x}_k) = \sum_{p \in P} d_k^p. \qquad (3.13)$$

Demnach läßt sich der Defekt in inkonsistenter Form *ohne* Kommunikation berechnen.

3.5 Glätter

Ein allgemeines lineares Iterationsverfahren ist gegeben durch eine additive Aufspaltung der Matrix $A_k = W_k - N_k$ und die Iterationsvorschrift:

$$x_k = \tilde{x}_k + W_k^{-1} d_k . \qquad (3.14)$$

Wir beschränken uns hier auf das gedämpfte Punkt-Jacobi-Verfahren, d.h. $W_k = \text{diag}(A_k)$ und gedämpfte, inexakte Block-Jacobi-Verfahren. Zur Bildung der Blöcke nutzen wir die eindeutige Zuordnung der Priorität-3-Knoten nach Bemerkung 3.1:

$$(W_k)_{n,n'} = \begin{cases} (A_k)_{n,n'} & \exists p : n, n' \in I(p, k, 1 - 4, 3 - 3) \\ 0 & \text{sonst} \end{cases} . \qquad (3.15)$$

Nach einer eventuellen Umnumerierung der Zeilen und Spalten ist W_k eine Blockdiagonalmatrix mit n_p Blöcken. Block p entspricht den Knoten, die auf Prozessor p die Priorität 3 haben. Die (näherungsweise) Inversion von W_k kann parallel und lokal in jedem Prozessor durchgeführt werden. Dazu werden (symmetrische) Gauß-Seidel- oder ILU-Verfahren verwendet. Man beachte, daß zur Definition von W_k in beiden Fällen die konsistente Form der globalen Steifigkeitsmatrix A_k herangezogen wird. Bei linearen Problemen muß somit in der Initialisierungsphase einmal eine konsistente Form der Steifigkeitsmatrix berechnet werden!

Nun zur Iteration selbst. Wie im letzten Abschnitt dargestellt, wird der Defekt in inkonsistenter Form berechnet. Für das Punkt-Jacobi-Verfahren ist W_k^{-1} eine Diagonalmatrix und wir können die Multiplikation mit dem Defekt noch lokal auf jedem Prozessor durchführen:

$$x_k = \tilde{x}_k + W_k^{-1}\left(\sum_{p\in P} d_k^p\right) = \tilde{x}_k + \sum_{p\in P}\left(W_k^{-1} d_k^p\right) = \tilde{x}_k + \sum_{p\in P} v_k^p \ . \tag{3.16}$$

Die Korrektur v_k liegt dann in inkonsistenter Form vor. Da auf die konsistente Lösung nur eine konsistente Korrektur addiert werden kann, ist eine Kommunikation erforderlich (Prozedur VecCons).

Im Block-Jacobi-Verfahren ist die Inverse W_k^{-1}, nach geeigneter Umnumerierung, eine Blockdiagonalmatrix mit i. allg. vollen Blöcken. Ein Prozessor p kann nur die Einträge von W_k^{-1} berechnen, die seinen Priorität-3-Knoten entsprechen. Eine Multiplikation von W_k^{-1} mit einem Vektor d_k kann nur parallel durchgeführt werden, wenn d_k in der eindeutigen Form vorliegt. Es wird also eine zusätzliche Kommunikation benötigt, um den inkonsistenten Defekt in einen eindeutig gespeicherten Defekt zu überführen. Kürzen wir diese Operation mit

$$d_k = \bigoplus_{p\in P} d_k^p \tag{3.17}$$

ab, so schreibt sich der Block-Jacobi Schritt als:

$$x_k = \tilde{x}_k + \sum_{p\in P}\left(W_k^{-1}\left(\bigoplus_{p\in P} d_k^p\right)\right) \tag{3.18}$$

Da die eindeutige Speicherung nur ein Spezialfall der inkonsistenten Form ist, kann die Korrektur mit einer Summenbildung (VecCons) in die konsistente Form überführt werden. Hier sind also im Gegensatz zur Punkt-Jacobi-Iteration *zwei* Kommunikationen pro Iteration notwendig.

3.6 Restriktion

Es liege der Defekt in der inkonsistenten Form nach Gleichung (3.5) vor, d.h. in den Knoten mit Priorität 2 und 3. Nach Definition 3.1 wird zu jedem Element t mit $m(t) = p$ in Prozessor p auch das zugehörige Vaterelement f mit allen Eckknoten gespeichert. Die Restriktion kann also auch für $m(f) \neq p$ in jedem Fall durchgeführt werden. Unter Umständen haben aber die Eckknoten von f die Priorität 1 und (3.5) ist für den restringierten Defekt nicht mehr erfüllt. Wir können aber (3.5) auf einfache Weise erzwingen, indem wir die Werte in den Priorität-1-Knoten auf den entsprechenden Knoten mit Priorität 3 addieren. Formal leistet dies der folgende Algorithmus:

Algorithmus 3.3 Kommunikation in der Restriktion.

Add1to3 (x_k^p) {

$\qquad I_{p,q} = I(p, k, 1 - 4, 1 - 1) \cap I(q, k, 1 - 4, 3 - 3).$

$\qquad Q_p = \{q \in P | q \neq p \wedge I_{p,q} \neq \emptyset\}.$

(1) $\forall q \in Q_p, n \in I_{p,q}$: Kopiere die Werte $(x_k^p)_n^{1-4,1-1}$ in einen Nachrichtenpuffer $M_{p,q}$.

(2) Datenaustausch: $\forall q \in Q_p$: sende $M_{p,q}$ an q und $\forall r$ mit $p \in Q_r$ empfange $M_{r,p}$ von r.

(3) $\forall r$ mit $p \in Q_r$, $n \in I_{r,p}$: Hole $(x_k^r)_n^{1-4,1-1}$ aus $M_{r,p}$ und addiere:

$$(x_k^p)_n^{1-4,3-3} = (x_k^p)_n^{1-4,3-3} + (x_k^r)_n^{1-4,1-1}$$

}

Dies sei an Abbildung 3.2 erläutert, die einen Ausschnitt aus Abbildung 3.1 zeigt. Prozessor 3 restringiert seine Werte in die Knoten mit Priorität 1 auf Stufe 2 (dicke, schwarze Pfeile). Anschließend werden die Werte in den Priorität-1-Knoten auf die Priorität-3-Knoten addiert.

Eine notwendige Voraussetzung für das Auftreten von Knoten mit Priorität 1 ist $m(f) \neq m(t)$ für das Vaterelement f von t. Die Voraussetzung ist allerdings nicht hinreichend, wie Stufe 0 in Abbildung 3.1 zeigt. Somit läßt sich die Restriktion *ohne* Kommunikation durchführen, wenn $m(f) = m(t)$ für alle t mit Vaterelement f gilt. Dies ist eine wichtige Voraussetzung für die Lastverteilung im additiven Mehrgitterverfahren.

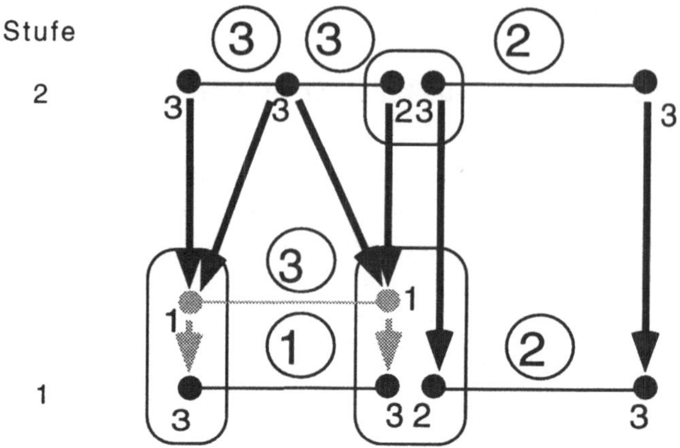

Abb. 3.2 Zur Restriktion.

Falls das grobe Gitter auf weniger Prozessoren als das feine Gitter abgebildet wird, realisiert die Restriktion automatisch eine als *coarse grid agglomeration* bekannte Technik. Es werden pro Gitterstufe soviele Prozessoren verwendet, wie im Sinne einer guten Gesamteffizienz sinnvoll sind.

3.7   Prolongation

Die Prolongation ist symmetrisch zur Restriktion, mit dem Unterschied, daß die zu interpolierenden Korrekturen in konsistenter Form vorliegen. Per Kommunikation werden die Werte aus den Priorität-3-Knoten in alle zugehörigen Knoten mit Priorität 1 kopiert, dann kann in jedem Prozessor lokal interpoliert werden.

Den Datenaustausch leistet folgender Algorithmus:

Algorithmus 3.4 Kommunikation in der Prolongation.

Send3to1 (x_k^p) {

$I_{p,q} = I(p, k, 1 - 4, 3 - 3) \cap I(q, k, 1 - 4, 1 - 1)$.

$Q_p = \{q \in P | q \neq p \wedge I_{p,q} \neq \emptyset\}$.

(1) $\forall q \in Q_p, n \in I_{p,q}$: Kopiere die Werte $(x_k^p)_n^{1-4,3-3}$ in einen Nachrichtenpuffer $M_{p,q}$.

(2) Datenaustausch: $\forall q \in Q_p$: sende $M_{p,q}$ an q und $\forall r$ mit $p \in Q_r$ empfange $M_{r,p}$ von r.

(3) $\forall r$ mit $p \in Q_r$, $n \in I_{r,p}$: Hole $(x_k^r)_n^{1-4,3-3}$ aus $M_{r,p}$ und setze:

$$(x_k^p)_n^{1-4,1-1} = (x_k^r)_n^{1-4,3-3}$$

}

3.8 Paralleles Gesamtverfahren

In diesem Abschnitt setzen wir die Komponenten zum parallelen Gesamtalgorithmus zusammen. Wir beginnen mit dem additiven Verfahren.

Algorithmus 3.5 Parallele Implementierung des additiven Mehrgitterverfahrens. In der Darstellung beschränken wir uns auf einen Glättungsschritt.

amg (j, x_j, b_j) {

(1) $\forall p : d_j^p = b_j^p - A_j^p x_j^p$; auf $\left(V_j^p\right)^{*,2-3}$

    for $(k = j; k > 0; k = k - 1)$ {

    (2) $\forall p : d_{k-1}^p = b_{k-1}^p - A_{k-1}^p x_{k-1}^p$; auf $\left(V_{k-1}^p\right)^{*,2-3}$

    (3) $\forall p : d_{k-1}^p = (I_{k-1}^k)^T d_k^p$; auf $\left(V_{k-1}^p\right)^{2-4,1-3} \setminus (V_{k-1})^{*,2-3}$

    (4) $\forall p : \mathrm{Add1to3}(d_{k-1}^p)$;

    }

(5) if (BlockJacobi) for $(k = 1; k \leq j; k = k + 1)$ $\forall p : \mathrm{VecCons}(d_k^p)$;

    for $(k = 1; k \leq j; k = k + 1)$

      if (BlockJacobi) {

      (6) $\forall p : v_k = W_k^{-1} d_k$; auf $(V_k)^{3-4,3-3}$

      } else {

      (7) $\forall p : v_k = W_k^{-1} d_k$; auf $(V_k)^{3-4,2-3}$

      }

(8) for $(k = 1; k \leq j; k = k + 1)$ $\forall p : \mathrm{VecCons}(v_k^p)$;

(9) $v_0 = A_0^{-1} d_0$;

$$\text{for } (k = 1; k \leq j; k = k + 1) \ \{$$

(10) $\forall p : \text{Send3to1}(v_{k-1}^p);$

(11) $\forall p : v_k^p = v_k^p + I_{k-1}^k v_{k-1}^p; \text{ auf } (V_k)^{1-4,2-3}$

(12) $\forall p : x_k^p = x_k^p + v_k^p; \text{ auf } (V_k)^{\square,2-3}$

$\}$

$\}$

Die Kommunikation in den Schritten (5) und (8) des Algorithmus kann so organisiert werden, daß zwischen zwei Prozessoren jeweils höchstens eine Nachricht ausgetauscht wird.

Algorithmus 3.6 Parallele Implementierung des multiplikativen Mehrgitterverfahrens. Der Übersichtlichkeit wegen beschränken wir uns auf einen Vor- und einen Nachglättungsschritt.

$\text{mmg } (j, x_j, b_j) \ \{$

(1) $\forall p : d_j^p = b_j^p - A_j^p x_j^p; \text{ auf } \left(V_j^p\right)^{*,2-3}$

$\text{for } (k = j; k > 0; k = k - 1) \ \{$

(2) $\forall p : r_k^p = d_k^p; \text{ auf auf } (V_k)^{3-4,2-3}$

$\text{if (BlockJacobi) } \{$

(3) $\forall p : \text{VecCons}(r_k^p);$

(4) $\forall p : v_k = W_k^{-1} r_k; \text{ auf } (V_k)^{3-4,3-3}$

$\} \text{ else } \{$

(5) $\forall p : v_k = W_k^{-1} r_k; \text{ auf } (V_k)^{3-4,2-3}$

$\}$

(6) $\forall p : \text{VecCons}(v_k^p);$

(7) $\forall p : r_k^p = d_k^p - A_k^p v_k^p; \text{ auf } (V_k^p)^{2-4,2-3}$

(8) $\forall p : d_{k-1}^p = b_{k-1}^p - A_{k-1}^p x_{k-1}^p; \text{ auf } \left(V_{k-1}^p\right)^{*,2-3}$

(9) $\forall p : d_{k-1}^p = (I_{k-1}^k)^T r_k^p; \text{ auf } \left(V_{k-1}^p\right)^{2-4,1-3} \setminus (V_{k-1})^{*,2-3}$

(10) $\forall p : \text{Add1to3}(d_{k-1}^p);$

$\}$

(11) $v_0 = A_0^{-1} d_0;$

```
for (k = 1; k ≤ j; k = k + 1) {
```

(12) $\forall p$: Send3to1(v_{k-1}^p);

(13) $\forall p$: $v_k^p = v_k^p + I_{k-1}^k v_{k-1}^p$; auf $(V_k)^{1-4,2-3}$

(14) $\forall p$: $r_k^p = d_k^p - A_k^p v_k^p$; auf $(V_k^p)^{2-4,2-3}$

```
    if (BlockJacobi) {
```

(15) $\forall p$: VecCons(r_k^p);

(16) $\forall p$: $v_k = W_k^{-1} r_k$; auf $(V_k)^{3-4,3-3}$

```
    } else {
```

(17) $\forall p$: $v_k = W_k^{-1} r_k$; auf $(V_k)^{3-4,2-3}$

```
    }
```

(18) $\forall p$: VecCons(v_k^p);

(19) $\forall p$: $x_k^p = x_k^p + v_k^p$; auf $(V_k)^{\square,2-3}$

```
    }

}
```

Da eine Kommunikation nur in den Schritten VecCons, Add1to3 sowie in Send3to1 enthalten ist, ergibt sich folgende Aussage zur Kommunikationskomplexität:

Bemerkung 3.2 Kommunikationskomplexität. Unter den Annahmen:

- Ein Glättungsschritt mit Punkt-Jacobi-Glätter im additiven Verfahren, je ein Vor- und Nachglättungsschritt im multiplikativen Verfahren

- Alle Elemente sind demselben Prozessor wie ihr Vaterelement zugeordnet, d.h. T_0 wird auf die Prozessoren aufgeteilt, dann erfolgt Verfeinerung in jedem Prozessor. Prozessor p habe mit den Prozessoren $Q(p) \subseteq P$ gemeinsame Knoten

tauscht jeder Prozessor p zusätzlich zur Lösung des Gleichungssystemes auf Stufe 0 im additiven Verfahren je *eine* und im multiplikativen Verfahren je $2j$ Nachrichten mit den Prozessoren $Q(p)$ aus. Das additive Verfahren hat damit die gleiche günstige Kommunikationskomplexität wie das nichtüberlappende Gebietszerlegungsverfahren von Bramble-Pasciak-Schatz ([30], [47]).

4 Der Programmbaukasten UG

4.1 Ziele

Moderne Verfahren zur Lösung von Systemen partieller Differentialgleichungen, die Adaptivität, Mehrgittertechniken und Parallelisierung nutzen, führen zu sehr komplexen Programmsystemen, die nicht mehr von einer einzelnen Person erstellt werden können. Um diese Techniken einer breiten Anwendung zu erschließen wurde mit UG der Versuch unternommen die notwendigen Grundwerkzeuge in einer problemunabhängigen und damit wiederverwendbaren Form zur Verfügung zu stellen. Folgende Entwurfskriterien lagen dem UG System zugrunde:

1. *Flexibilität*

(a) Unabhängigkeit von der zu lösenden Differentialgleichung und Diskretisierungstechnik. Insbesondere erfordert dies, daß Unbekannte den Knoten, Kanten, Flächen (3D) und Elementen zugeordnet werden können.

(b) Versionen für zwei und drei Raumdimensionen, die einen leichten Übergang erlauben.

(c) Aufbau der Löser auf einer Sparse-Matrix-Struktur. Dadurch Wiederverwendbarkeit und weitgehende Dimensionsunabhängigkeit.

(d) Flexibilität des Verfeinerungsalgorithmus hinsichtlich der Zahl der Verfeinerungsregeln (Elementtypen).

(e) Instationäre Probleme erfordern die Möglichkeit zur Wegnahme von Elementen.

(f) Komplexe Geometrien erfordern eventuell die (teilweise) Neutriangulierung einer Gitterebene. Hier sind die üblichen Verfeinerungsregeln zu starr.

2. *Modulare Programmierung*

(a) Dies ist die Grundlage für leichte Erweiterbarkeit. Einzelne Komponenten können verbessert werden und stehen sofort allen Anwendern zur Verfügung.

(b) Klare Definition von Schnittstellen ist die Grundlage für Teamarbeit und kurze Einarbeitungszeit neuer Benutzer.

(c) Abgekapselte Module sind leichter fehlerfrei zu machen.

(d) Leichter Übergang von der seriellen zur parallelen Version.

3. *Praktische Handhabbarkeit*

(a) Shell-ähnliche Kommandoschnittstelle mit Variablen und Kommandoprozeduren.

(b) Graphische Benutzerschnittstelle mit einfachen Visualisierungsmöglichkeiten für Gitter und Lösung.

Die unter Flexibilität aufgeführten Punkte sind in erster Linie Anforderungen an die Datenstruktur. Das nächste Kapitel erläutert die Datenstruktur, die aus diesen Vorgaben entstanden ist. Eine Erweiterung in drei Raumdimensionen wurde bereits von Jürgen Bey [22] und Klaus Johannsen durchgeführt.

Die Vorgaben an die Programmstruktur haben zu dem schematischen Aufbau in Abbildung 4.1 geführt. Grob unterscheiden wir die Bereiche UG, Problemklassenbibliothek und Anwendung. Im Bereich UG befinden sich alle nichtnumerischen Komponenten wie Speicherverwaltung, Objektverwaltung, Gittermanipulation, Lastverteilungs- und Lastverschiebemechanismen, Grafikausgabe und die Benutzerschnittstelle. Der UG-Bereich ist unabhängig von der speziellen zu lösenden Differentialgleichung. Die numerischen Komponenten wie Diskretisierung, Löser und Fehlerschätzer werden in einer eigenen Problemklassenbibliothek zusammengefaßt. Die Problemklassenbibliothek erlaubt die Lösung einer festgelegten Differentialgleichung (z.B. stationäre, inkompressible Navier-Stokes-Gleichung), d.h. das Gebiet und eventuelle Quellen bzw. Koeffizientenfunktionen sind noch nicht festgelegt. Dies wird erst von der Applikation spezifiziert.

Um eine möglichst fehlerfreie Implementierung zu erreichen, bedienen wir uns der Hilfsmittel der Modularisierung und der Hierarchiebildung. Unter einem Modul versteht man eine abgeschlossene Programmeinheit mit einer Datenstruktur und darauf definierten Operationen (*abstrakter Datentyp*). Zugriff und Manipulation der Datenstruktur erfolgen nur mit den vom Modul zur Verfügung gestellten Prozeduren, so wird die Implementierung vor dem Rest des Programmes verborgen und kann gegebenenfalls verändert werden. Aus Effizienzgründen ist ein großer Teil der Zugriffsfunktionen als

Makros realisiert. Bauen die Funktionen mehrerer Module aufeinander auf, so spricht man von Hierarchiebildung. Als Beispiel sei hier der Vorgang der Gitterverfeinerung angeführt: Stellt der Fehlerschätzer fest, daß ein Element verfeinert werden muß, so wird es mit einer vom Verfeinerungsmodul zur Verfügung gestellten Funktion entsprechend der Verfeinerungsregel markiert. In der Verfeinerungsprozedur selbst werden Grundobjekte wie Dreieck und Knoten benötigt bzw. freigegeben. Dazu werden wieder entsprechende Funktionen der Objektverwaltung (Create/Dispose) benutzt. Die Objektverwaltung selbst baut wieder auf einer optimierten dynamischen Speicherverwaltung auf. Die „Kunst des Programmierens" ist es, die richtigen Abstraktionen (Schnittstellen) zu finden.

Der Punkt der Handhabbarkeit hat zwar keine direkten Auswirkungen auf die Qualität der Numerik, bedeutet jedoch bei der täglichen Arbeit eine große Zeitersparniss. Hier sei vor allem Nikolas Neuß erwähnt, dessen „Kommandointerpreter" inzwischen für alle Anwender unverzichtbar geworden ist. Das UG-System wird ständig verbessert und weiter entwickelt. Die serielle Version ist in zwei und drei Raumdimensionen verfügbar und wird auf Anfrage abgegeben. [1] Die parallele Version erfüllt noch nicht alle oben genannten Forderungen, da zunächst die Entwicklung der grundlegenden parallelen Techniken im Vordergrund stand. Wesentliche Einschränkungen der parallelen Version sind augenblicklich noch

- Beschränkung auf zwei Raumdimensionen.

- Unbekannte nur in den Knoten des Gitters.

- Eine Kopplung ist nur zwischen Knoten erlaubt, die Ecken in einem gemeinsamen Element sind.

- Keine teilweise Neutriangulierung und Knotenverschiebung möglich.

- Keine graphische Benutzerschnittstelle (wohl aber parallelisierte Grafikausgabe auf Datei).

4.2   Datenstruktur

Die Datenstruktur besteht aus einem algebraischen Teil zur Speicherung der dünn besetzten Matrizen und einem geometrischen Teil zur Erfassung

---

[1] Anfragen per email an `peter@ica3.uni-stuttgart.de`

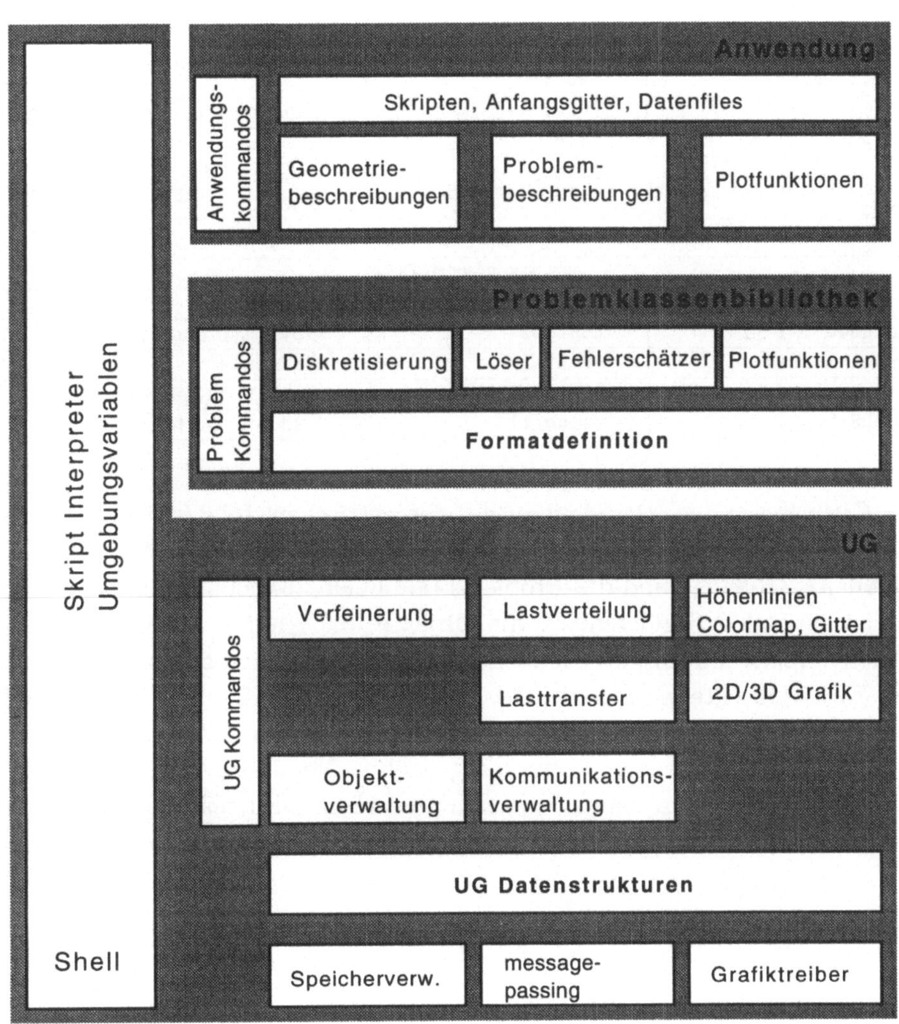

Abb. 4.1 Gliederung und interner Aufbau des Programmbaukastens UG.

Tab. 4.1 Matrix-Vektor-Struktur.

Struktur VECTOR		
Typ	*Komponente*	*Kommentar*
unsigned INT	control	Objekttyp und Flags
struct vector	*pred	doppelt verkettete Liste
struct vector	*succ	
unsigned INT	index	Numerierung der Unbekannten
unsigned INT	skip	Dirichlet Ränder
struct matrix	*start	Zeile der Matrix
DOUBLE	value[1]	Feld von Werten

Struktur MATRIX		
Typ	*Komponente*	*Kommentar*
unsigned INT	control	Objekttyp und Flags
struct matrix	*next	Zeilenliste
struct vector	*vect	Zielvektor (Spalte)
DOUBLE	value[1]	Feld von Werten

der Gitterhierarchie. Der Aufbau des geometrischen Teils ist hierarchisch.
Zunächst werden Strukturen zur Beschreibung der Geometrie (DOMAIN,
BOUNDARY_SEGMENT) und des Problems (PROBLEM, BNDCOND) definiert. Dar-
auf aufbauend definieren wir die Objekte, die Knoten (NODE, VERTEX),
Kanten (LINK, EDGE) und Elemente (ELEMENT) der Triangulierung realisie-
ren. Diese Objekte werden stufenweise verwaltet (GRID) und die einzelnen
Stufen werden in der Struktur MULTIGRID zusammengefaßt. Um die Daten-
struktur für verschiedene Anwendungen ohne Neuübersetzung verwenden
zu können, ist sie zur Laufzeit parametrisierbar. Dies geschieht durch die
Wahl eines geeigneten Formates (Struktur FORMAT).

4.2.1 Algebraische Struktur

Tabelle 4.1 definiert die beiden Datentypen MATRIX und VECTOR, mit denen
eine dünn besetzte Matrix in UG dargestellt wird. Das Prinzip ist in Abbildung 4.2 graphisch dargestellt. Eine Struktur vom Typ Vektor steht für die
Unbekannte an einem Punkt. Die zugehörige Zeile der Matrix wird durch
eine von der VECTOR-Struktur ausgehenden Liste realisiert (start Zeiger).
Jede MATRIX-Struktur in dieser Liste enthält einen Zeiger auf den Zielvektor
(Spalte), sowie das Matrixelement selbst, das die beiden Unbekannten kop-
pelt. Per Konvention ist die erste MATRIX-Struktur in der Zeilenliste immer

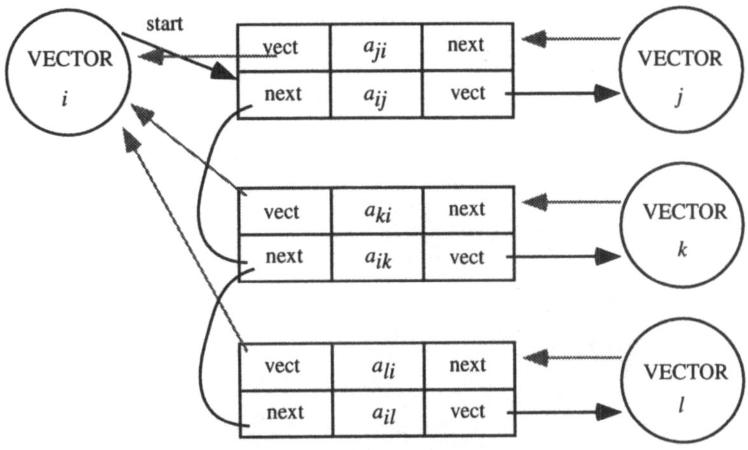

Abb. 4.2 Aufbau der Matrixstruktur für dünn besetzte Blockmatrizen mit den VECTOR-
und MATRIX- Strukturen.

das Diagonalelement. Die Größe der Datenfelder **value** in beiden Strukturen ist variabel und wird erst zur Laufzeit festgelegt. Somit werden alle
Unbekannten an einem Punkt in *einer* VECTOR-Struktur gespeichert und die
Matrixeinträge werden entsprechend zu kleinen Blockmatrizen, die selbst
dünn besetzt sein können. Außerdem werden immer zwei MATRIX-Objekte
in Hin- und Rückrichtung (entsprechend a_{ij} und a_{ji}) gemeinsam erzeugt. So
lassen sich unvollständige Zerlegungen und Operationen mit der transponier-
ten Matrix leicht programmieren. Aus Gründen einer effizienten Speicherverwaltung darf die Größe der beiden Strukturen nicht beliebig variieren,
vielmehr sind nur vier verschieden große VECTOR-Strukturen (entsprechend
Knoten, Kanten, Flächen und Elementen) und 10 verschieden große MATRIX-
Strukturen (entsprechend der Kopplung der vier verschiedene Vektoren und
Ausnutzung der Symmetrie) vorgesehen. Der Vorteil der vorgestellten Datenstruktur gegenüber üblichen Techniken zur Speicherung dünn besetzter
Matrizen ist die effiziente Möglichkeit zum Einfügen und Löschen von Ein-
trägen. Bei Systemen von Differentialgleichungen ist der zusätzliche Spei-
cheraufwand (ein Zeiger) vernachlässigbar.

Beide Strukturen haben noch eine Komponente **control** zur Speicherung
diverser Flags. Die VECTOR-Strukturen sind in einer doppelt verketteten Liste
verbunden **pred, succ** und können mit einer Numerierung versehen werden.

Die Komponente `skip` dient der Ausblendung von Randwerten und kann von der Problemklassenbibliothek beliebig verwendet werden.

Die Größen der Datenbereiche in den eben besprochenen Strukturen werden UG über eine `FORMAT`-Struktur mitgeteilt, auf die wir hier nicht weiter eingehen wollen. Hier kann auch festgelegt werden, welche Vektoren mit welchen anderen Vektoren automatisch gekoppelt werden sollen. Damit kommen wir nun zum geometrischen Teil der Datenstruktur.

4.2.2 Geometriebeschreibung

Voraussetzung zur Konstruktion eines Gitters ist die Beschreibung der Geometrie des Grundgebietes Ω. Das Grundgebiet wird definiert durch die Angabe des Randes, d.h. in 2D durch Angabe von stückweise parametrisierten Funktionen $\Gamma_i : [\alpha_i, \beta_i] \to \mathbf{R} \times \mathbf{R}$, den Randsegmenten. Die Punkte, an denen zwei Randsegmente zusammenstoßen, werden als Ecken bezeichnet und von 0 an durchnumeriert. Außerdem kann das Grundgebiet durch Angabe *interner* Ränder in mehrere Teilgebiete unterteilt werden. Dabei werden die Teilgebiete von 1 an durchnumeriert und das Außengebiet $\mathbf{R}^2 \setminus \bar{\Omega}$ wird per Konvention als „Teilgebiet" Nummer 0 bezeichnet. Abbildung 4.3 zeigt ein Beispiel für eine Geometrie. Die so definierte Geometrie wird durch geeignete Datenstrukturen vom Typ `DOMAIN` und `BOUNDARY_SEGMENT` beschrieben, auf die wir hier nicht weiter eingehen. Dieses Konzept ist sehr allgemein. Z.B. darf die Definition der Funktionen Γ_i von der berechneten Lösung abhängen, auf diese Weise kann man die Ränder beweglich machen, eine Änderung der Topologie ist allerdings schwieriger zu realisieren.

4.2.3 Problembeschreibung

Da UG problemunabhängig ist, d.h. nichts von der spezifischen Anwendung weiß, wird hier nur ein allgemeiner Mechanismus zur Kommunikation von Applikation und Problemklassenbibliothek zur Verfügung gestellt. Eine Problembeschreibung bezieht sich immer auf genau eine Geometriebeschreibung und besteht aus Koeffizientenfunktionen einerseits und Randbedingungen andererseits. Pro Randsegment ist eine Randbedingung zu definieren. Diese Funktionen werden in der Anwendung programmiert und dann dem System übergeben, das sie in den Datenstrukturen `PROBLEM` und `BNDCOND` ablegt.

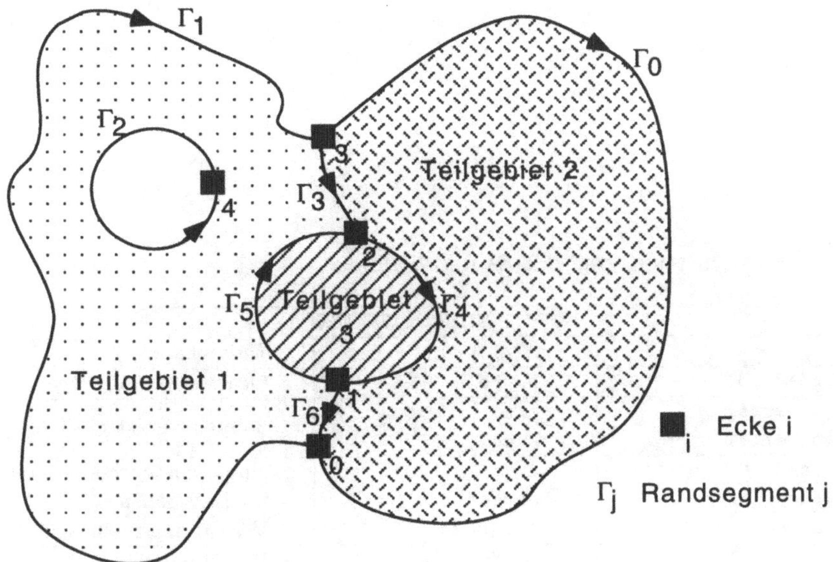

Abb. 4.3 Beispiel einer Geometrie mit internen Rändern.

4.2.4 Knoten, Kanten und Elemente

Wir beschränken uns hier auf den Fall zweier Raumdimensionen und lassen die Struktur für Flächen weg. In drei Raumdimensionen ist die Datenstruktur parametrisierbar, so daß nur die wirklich benötigten Teile auch Speicher belegen (d. h. Flächen werden nur erzeugt, wenn dies ausdrüklich gewünscht ist).

Im Mehrgitterverfahren wird an einem Knoten, der in mehreren Gitterstufen enthalten ist, je eine Korrektur pro Stufe berechnet. Andere Informationen sind jedoch unabhängig von der Stufe. Deshalb wird ein Knoten durch zwei Datenstrukturen NODE und VERTEX realisiert, wobei NODE den stufenabhängigen Teil realisiert, und VERTEX den stufenunabhängigen Teil.

Tabelle 4.2 zeigt die beiden Strukturen. Die ersten sechs Komponenten sind in allen Strukturen dieses Abschnittes identisch. Control dient der Objektverwaltung und wird bitweise zur Speicherung diverser Flags verwendet. Pred und succ realisieren eine doppelt verkettete Liste von VERTEX-Strukturen. Die Komponente id enthält eine global eindeutige Identifikationsnummer, die in der parallelen, dynamischen Verwaltung der Daten-

Tab. 4.2 Datenstrukturen VERTEX und NODE.

Struktur VERTEX		
Typ	*Komponente*	*Kommentar*
unsigned INT	control	Objekttyp und Flags
union vertex	*pred	doppelt verkettete Liste
union vertex	*succ	
unsigned INT	id	global eindeutige Nummer
unsigned INT	ldtrans	für Lasttransfer
struct coupling	*couple_me	Verwaltung mehrfacher Kopien
COORD	x[DIM]	Koordinaten
COORD	xi[DIM]	lokale Koordinaten im Vaterelement
union element	*father	Vaterelement für Interpolation
BOUNDARY_SEGMENT	*seg	Lage auf dem Rand

Struktur NODE		
Typ	*Komponente*	*Kommentar*
unsigned INT	control	Objekttyp und Flags
struct node	*pred	doppelt verkettete Liste
struct node	*succ	
unsigned INT	id	global eindeutige Nummer
unsigned INT	ldtrans	für Lasttransfer
struct coupling	*couple_me	Verwaltung mehrfacher Kopien
struct link	*start	Anfang Nachbarliste
struct node	*father	Vater NODE auf tieferer Stufe
struct node	*son	Sohn NODE auf höherer Stufe
struct vertex	*myvertex	zugehöriger VERTEX
struct vector	*vect	Benutzerdaten

struktur benötigt wird. Die nächsten beiden Komponenten `ldtrans` und `couple_me` werden ebenfalls zur parallelen, dynamischen Datenverwaltung benötigt.

Das Feld `x[DIM]` enthält die Koordinaten des Knotens. Die beiden nun folgenden Komponenten `xi[DIM]` und `father` dienen der Verankerung eines Knotens bezüglich dem nächst gröberen Gitter. Dabei wird nur davon ausgegangen, daß es dort ein Element f gibt, in dessen Fläche der Knoten enthalten ist. Das Feld `xi` enthält dann die lokalen Koordinaten bezüglich des auf das Referenzelement transformierten Elementes f. Damit kann eine beliebige Gitterhierarchie realisiert werden. Falls der Knoten auf einem externen oder internen Rand liegt, ist zusätzlich noch das Randsegment und die Position im Randsegment zu speichern. Diese Information belegt aber nur Speicher bei Knoten, die wirklich auf dem Rand liegen.

Die ersten sechs Komponenten der `NODE`-Struktur sind identisch mit der `VERTEX`-Struktur. Der `start`-Zeiger realisiert zusammen mit den unten erläuterten `EDGE`- und `LINK`-Strukturen eine Liste der Nachbarn dieses Knotens. `Father` und `son` sind Zeiger zu den entsprechenden `NODE`-Strukturen auf der nächst höheren und niedrigeren Stufe, die Knoten sind demnach vertikal doppelt verkettet. Der Zeiger `myvertex` verweist zur zugehörigen `VERTEX`-Struktur. Die Komponente `vect` verweist auf die Unbekannten zu diesem Knoten.

Tab. 4.3 `LINK` und `EDGE`-Struktur.

Struktur LINK		
Typ	*Komponente*	*Kommentar*
unsigned INT	control	Objekttyp und Flags
struct node	*nbnode	Zielknoten der Verbindung
struct link	*next	nächster Nachbar

Struktur EDGE		
Typ	*Komponente*	*Kommentar*
struct link	links[2]	Verbindung zwei Richtungen
struct vector	*vect	Benutzerdaten

Die Kanten eines Gitters werden mit der in Tabelle 4.3 dargestellten `EDGE`-Struktur aufgebaut. Gleichzeitig erhält damit jeder `NODE` Zugriff zu seinen Nachbarn im Gitter. Eine `EDGE`-Struktur besteht im wesentlichen aus zwei `LINK`-Strukturen, je eine für jede Richtung, ähnlich wie in der `MATRIX-VECTOR-`

Struktur. Die Komponente **vect** ermöglicht die Verankerung von Unbekannten in den Kanten des Gitters.

Tab. 4.4 ELEMENT-Struktur.

Struktur ELEMENT		
Typ	*Komponente*	*Kommentar*
unsigned INT	control	Objekttyp und Flags
union element	*pred	doppelt verkettete Liste
union element	*succ	
unsigned INT	id	global eindeutige Nummer
unsigned INT	ldtrans	für Lasttransfer
struct coupling	*couple_me	Verwaltung mehrfacher Kopien
unsigned INT	lbdata1	Für Lastverteilung
unsigned INT	lbdata2	
struct node	*n[CORNERS]	Eckknoten
union element	*father	Vater auf nächst gröberer Stufe
union element	*sons	Söhne auf nächst feinerer Stufe
union element	*nb[SIDES]	Nachbarelement auf dieser Stufe
struct vector	*vect	Benutzerdaten
struct elementside	*side[SIDES]	nur für Elemente am Rand

Tabelle 4.4 zeigt schließlich die ELEMENT-Struktur. Die ersten sechs Komponenten sind wieder wie im Knoten besetzt, **lbdata1** und **lbdata2** sind für den Lastverteilungsalgorithmus reserviert. Die folgenden vier Komponenten verbinden ein Element mit seinen Eckknoten (**n**), seinem Vorgänger (**father**) und seinen Nachfolgern (**sons**) in der Elementhierarchie und den Nachbarelementen (**nb**) auf der selben Stufe. Jedes Element ist auch wieder mit einem Verweis auf Unbekannte ausgestattet. Für Elemente, bei denen mindestens eine Seite auf einem externen oder internen Rand liegt wird noch Information über diesen Rand benötigt. Dies wird durch Zeiger auf Strukturen vom Typ ELEMENTSIDE realisiert, auf diese Struktur wird nicht weiter eingegangen. Die Randinformation einschließlich der Referenzen wird nur bei Elementen gespeichert, die wirklich am Rand liegen.

4.2.5 Gitter und Mehrgitter

Die in diesem Abschnitt zu besprechenden Datenstrukturen dienen in erster Linie zur Speicherung der Anfänge der Listen von Grundobjekten. Außerdem enthalten sie weitere, zur Verwaltung notwendige Informationen. Dabei

Tab. 4.5 `GRID` und `MULTIGRID`-Strukturen.

Struktur GRID		
Typ	*Komponente*	*Kommentar*
unsigned INT	control	Objekttyp und Flags
INT	level	Stufe dieses Gitters
INT	nVert	Anzahl **VERTEX** Obkekte
INT	nNode	Anzahl **NODE** Objekte
INT	nElem	Anzahl **ELEMENT** Objekte
INT	nEdge	Anzahl **EDGE** Objekte
INT	nSide	Anzahl **ELEMENTSIDE** Objekte
union element	*elements	Elementliste
union vertex	*vertices	Vertexliste
struct node	*firstNode	Nodeliste
struct node	*lastNode	letzte **NODE**-Struktur in Liste
struct vector	*firstVector	Beginn der Vektorliste
struct vector	*lastVector	Ende der Vektorliste
struct grid	*coarser, *finer	Gitterhierarchie
struct multigrid	*mg	zugehörige Mehrgitterstruktur
struct listhead	*interfaces[MAXIF]	Grenzen zu anderen Prozessoren

Struktur MULTIGRID		
Typ	*Komponente*	*Kommentar*
unsigned INT	control	Objekttyp und Flags
INT	vertIdCounter	zur Vergabe
INT	nodeIdCounter	der global eindeutigen
INT	elemIdCounter	Nummern
INT	topLevel	höchste benutzte Stufe
DOMAIN	*theDomain	zugehörige Gebietsdefinition
FORMAT	*theFormat	zugehörige Formatdefinition
PROBLEM	*theProblem	zugehörige Problemdefinition
void	*freeObjects[MAXO]	Listen freier Objekte
INT	nfreeObjects[MAXO]	# freie Objekte je Typ
Heap	*theHeap	dynamische Speicherverwaltung
struct grid	*grids[MAXLEVEL]	Zugriff auf Gitterebenen
struct mglisthead	*interfaces[MAXIF]	Grenzen zu anderen Prozessoren

werden im Sinne einer übersichtlichen Programmierung keine globale Daten verwendet.

Die `GRID`-Struktur (Tabelle 4.5) faßt eine Gitterebene zusammen. `Level` ist die Stufe dieses Gitters, `nVert` bis `nSide` zählt die Zahl der jeweiligen Objekte auf dieser Stufe. Nun folgen die Anfänge der doppelt verketteten Listen von Grundobjekten dieser Stufe, wobei für die Knoten und Vektoren auch das letzte Element der Liste verfügbar ist. `Coarser` und `finer` realisieren den Zugriff auf die nächst gröbere bzw. feinere Stufe und `mg` verweist auf die zugehörige `MULTIGRID`-Struktur (siehe unten). Die `LISTHEAD`-Struktur dient zusammen mit der oben schon kurz erwähnten `COUPLING`-Struktur zur dynamischen, parallelen Verwaltung der Datenobjekte und wird weiter unten im Abschnitt 4.3 besprochen werden.

Die `MULTIGRID`-Struktur faßt nun alle Gitterebenen zusammen. Die Komponenten `VertIdCounter`, `nodeIdCounter` und `elemIdCounter` sind laufende Zähler, die zur Konstruktion der global eindeutigen Nummern benötigt werden. `TopLevel` ist die Nummer der höchsten Stufe und entspricht dem j in den Mehrgitteralgorithmen. Die nächsten drei Zeiger `theDomain`, `theFormat` und `theProblem` sind Verweise auf die zugehörige Gebietsbeschreibung, Benutzerdatenformate und Problembeschreibung. Zur Speicherverwaltung werden die folgenden drei Komponenten verwendet: `freeObjects` ist eine Liste unbenutzter Objekte getrennt nach Typen. Erst wenn die Liste des angeforderten Typs leer ist, wird neuer Speicher belegt. Dazu wird eine optimierte Speicherverwaltung benutzt, die die Datenstruktur `Heap` zur Verfügung stellt. Das Feld `grids` erlaubt schließlich den Zugriff zu allen Gitterebenen und `interfaces` dient wieder der parallelen Objektverwaltung.

Abbildung 4.4 faßt die wesentlichen Elemente des geometrischen Teils der Datenstruktur noch einmal in graphischer Form zusammen. Teil (a) zeigt die Verbindungen eines Elementes zu seinen Eckknoten und den Nachbarelementen. Die Elementhierarchie zeigt Teil (b) und in (c) ist das Zusammenspiel der `NODE` und `VERTEX`-Strukturen und die Interpolation dargestellt.

4.3   Parallele Verwaltung der Datenstruktur

In diesem Abschnitt wollen wir die Konzepte aus Abschnitt 3.2 auf die konkrete Datenstruktur übertragen. Dazu gehen wir wieder von der eindeutigen Zuordnung der Elemente zu Prozessoren $m : \mathcal{T} \rightarrow P$ aus, definieren welche Objekte ein Prozessor speichert und ordnen jeder Kopie eines Datenobjektes

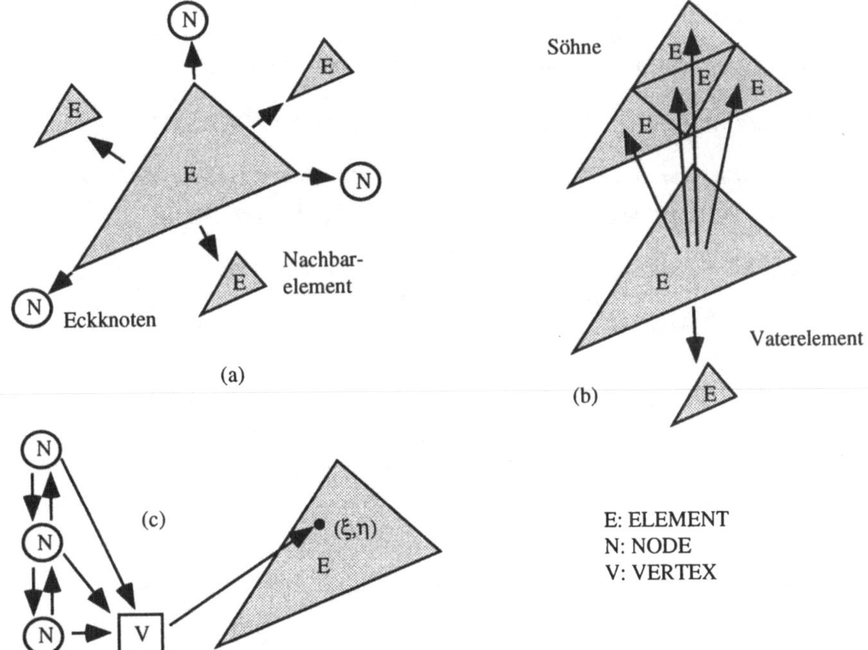

Abb. 4.4 Graphische Darstellung der Referenzen im geometrischen Teil der Datenstruktur.

eine Priorität zu. Definition 4.1 unterscheidet sich von den Definitionen 3.1 und 3.2 nur durch die Realisierung des Knotens mit zwei Datenstrukturen.

Definition 4.1 Überlappung der Datenstruktur (Zuordnungsregeln 2). Sei $t \in \mathcal{T}$ ein Element und $m(t) = p$, so speichert Prozessor p die folgenden Objekte:

1. das Element t mit $\mathrm{prio}(t, p) = 2$.

2. alle Eckknoten n von t (Typ **NODE**) mit $\mathrm{prio}(n, p) = 2$.

3. alle **VERTEX**-Strukturen zu den Knoten von t (keine Priorität).

4. das Vaterelement f von t. Falls $m(f) \neq p$, gilt $\mathrm{prio}(f, p) = 1$.

5. alle Eckknoten n (Typ **NODE**) des Vaterelementes f. Falls n nicht durch Regel 2 und ein Element t' erreicht wird, gilt $\mathrm{prio}(n, p) = 1$.

6. alle **VERTEX**-Strukturen zu den Knoten von f (keine Priorität).

7. Sei M_n die Menge aller Prozessoren, die eine Kopie des Knotens n mit Priorität 2 besitzen (nach Regel 2, oben), und sei $q \in M_n$, mit $q < p, \forall p \in M_n$ dann setze $\mathrm{prio}(n, q) = 3$.

Für **ELEMENT**-Objekte treten also die Prioritäten 1 und 2 auf (Regel 1, 4), für **NODE**-Objekte die Prioritäten 1,2 und 3 (Regeln 2, 5 und 7) und **VERTEX**-Objekte benötigen keine Priorität. Die Zuordnung der **ELEMENT**-Objekte mit Priorität 2 und der **NODE**-Objekte mit Priorität 3 ist eindeutig.

Zur Verdeutlichung des Sachverhaltes in zwei Raumdimensionen betrachten wir Abbildung 4.5. Die Elemente um den Knoten n auf der Stufe i seien wie in (a) auf die Prozessoren p und q aufgeteilt. Die Elemente werden regulär verfeinert, so daß die Situation von Bild 4.5(b) entsteht. Der Sohnknoten von n auf Stufe $i + 1$ sei mit n' bezeichnet. Abbildung 4.5(c) zeigt nun die verschiedenen Kopien von Knoten und Elementen auf Stufe i. Wegen Regel 1 speichert p eine Kopie der linken beiden Elemente und q eine Kopie der rechten beiden Elemente. Wegen Regel 4 speichern q und r je eine Kopie des linken, oberen Dreiecks in Bild 4.5(a) und Prozessor s eine Kopie des Vierecks rechts oben. Die Prioritäten der Objekte sind immer nach dem Doppelpunkt angegeben. Elemente mit der Priorität 2 stammen von der Zuordnung auf Ebene i (Regel 1) und Elemente mit Priorität 1 sind Vaterelemente eines zugehörigen Stufe $i+1$ Elementes. Die Prioritäten der Kopien

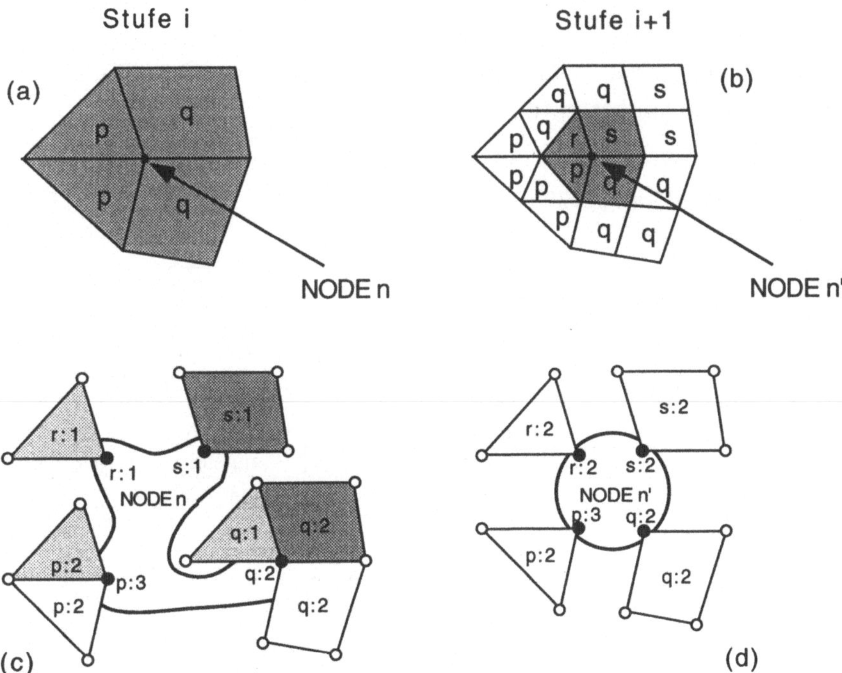

Abb. 4.5 Beispiel zur überlappenden Aufteilung der Datenstruktur.

des Knotens n ergeben sich wie folgt: In Prozessor r und s ist die Priorität
1, nach Regel 5. Prozessor q und p haben je eine Kopie mit Priorität 2 nach
Regel 2 und o.B.d.A. sei $p < q$, so hat die Kopie in p die Priorität 3 nach
Regel 7. Die Situation auf Stufe $i + 1$ (Abbildung 4.5(d)) ist einfacher,
da dort noch keine Verfeinerung existiert. Hier existieren nur Elemente mit
Priorität 2 und Knoten mit Prioritäten 2 und 3 (o.B.d.A. sei $p < r, q, s$).

Um den Datenaustausch zwischen den Prozessoren effizient zu organisieren,
erweitern wir die Datenstruktur um weitere Objekte. Der `couple_me`-Zeiger
in jedem der Objekte `VERTEX`, `NODE` und `ELEMENT` ist der Beginn einer Liste,
die Informationen über jede weitere Kopie des Objektes auf anderen Prozessoren enthält. Die Elemente der Liste sind vom Typ `COUPLING`, der in
Tabelle 4.6 eingeführt wird.

Tab. 4.6 `COUPLING`-Struktur.

Struktur `COUPLING`		
Typ	*Komponente*	*Kommentar*
`unsigned INT`	`control`	Objekttyp und Flags
`struct coupling`	`*predH`	doppelt verkettete Liste
`struct coupling`	`*succH`	aller Kopien dieses Objektes
`struct coupling`	`*predV`	doppelt verkettete Liste
`struct coupling`	`*succV`	für Prozessorgrenze
`void`	`*object`	zugehöriges Objekt
`struct listhead`	`*myHead`	Listenanfang
`unsigned INT`	`proc`	Prozessornummer
`unsigned INT`	`key`	Sortierschlüssel
`unsigned INT`	`index`	Position in der Liste

`COUPLING` beginnt wie alle UG Objekte mit einem Kontrollwort. Die Komponente `proc` enthält die Prozessornummer auf der sich eine Kopie befindet,
`predH` und `succH` realisieren eine Liste von `COUPLING`-Objekten, deren Anfang der `couple_me`-Zeiger ist. `Object` verweist zurück auf das Objekt in
dessen List sich die `COUPLING`-Struktur befindet. Die weitere Verwendung
dieser neuen Struktur wollen wir nun anhand eines Beispieles betrachten.

Abbildung 4.6 zeigt ein unstrukturiertes Netz, das auf vier Prozessoren p, q, r
und s aufgeteilt wurde. Entsprechend ergibt sich eine Überlappung in den
`NODE`-Strukturen. Eine typische Kommunikation ist durch die Prozedur Vec-
Cons aus Abschnitt 3.3 gegeben, dabei muß jeder Prozessor den Wert aus
seiner Kopie eines Knotens an alle anderen Prozessoren schicken, die auch
eine Kopie des Knotens haben. Dazu sortiert jeder Prozessor die `COUPLING`-

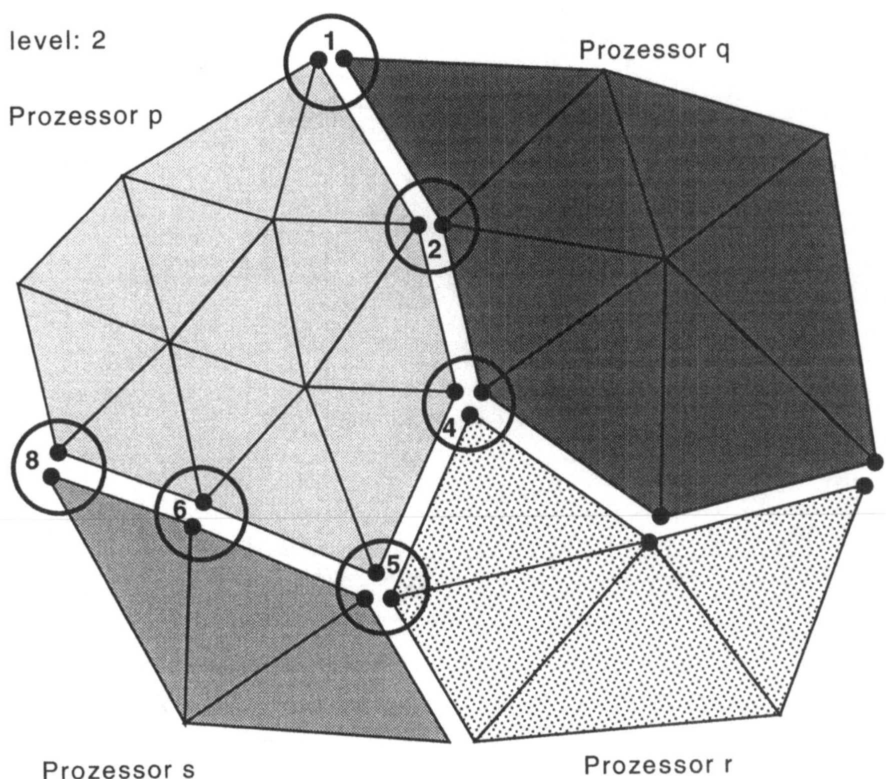

Abb. 4.6 Beispielgitter zur Verwaltung der mehrfachen Kopien von Knoten.

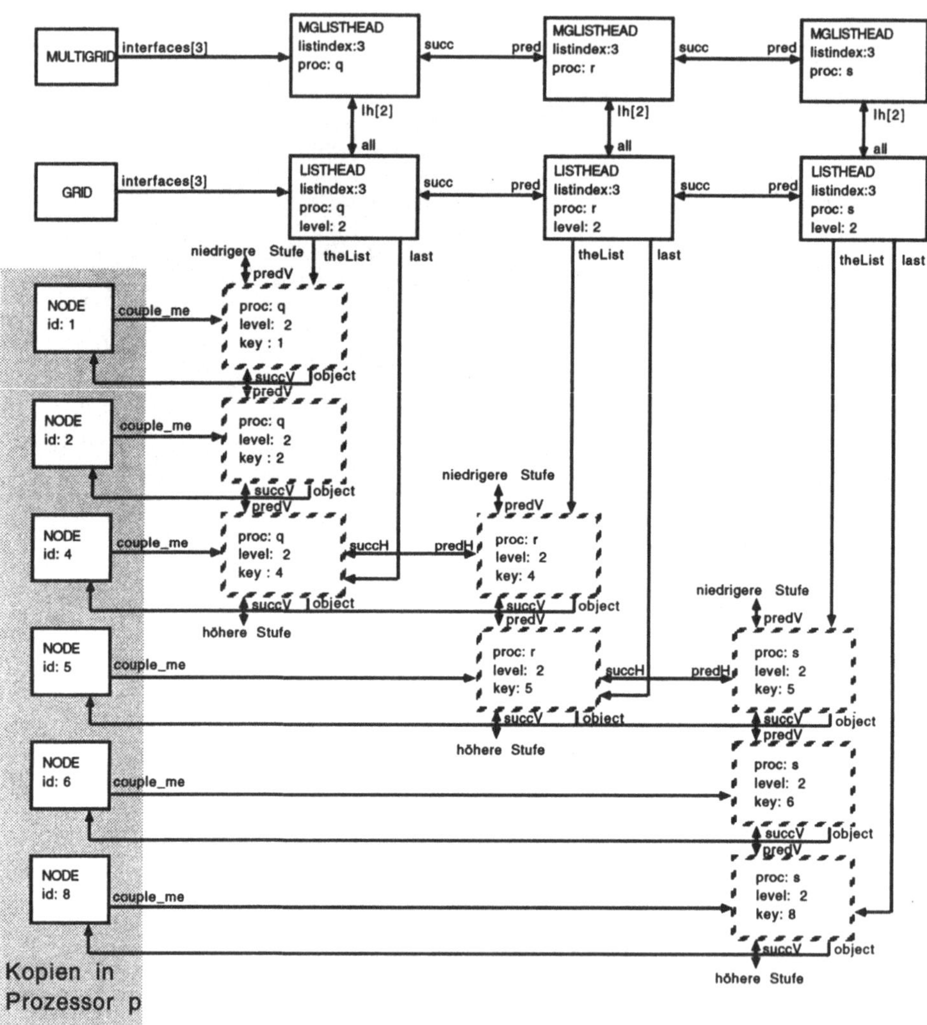

Abb. 4.7 Datenstruktur zur Verwaltung der Situation im Beispiel.

Strukturen nach der Komponente **proc** und innerhalb desselben Prozessors nach der global eindeutigen Nummer des Knotens (Komponente **key**). Pro Zielprozessor werden die COUPLING-Strukturen dann mittels der **predV** und **succV** Zeiger zu Listen zusammengefaßt. Entscheidend ist nun, daß in Prozessor p die Liste mit Ziel q identisch ist mit der Liste in q mit Ziel p. Abbildung 4.7 zeigt die Situation in Prozessor p, wie sie durch das Gitter in Abbildung 4.6 entsteht. An jedem Knoten beginnt eine Liste in horizontaler Richtung, die angibt, auf welchem Prozessor sich Kopien befinden. In vertikaler Richtung sind die COUPLING-Objekte (schraffierte Rahmen) pro Zielprozessor nach **id** geordnet. Die Anfänge der vertikalen Listen sind in einer Datenstruktur vom Typ LISTHEAD (Tabelle 4.7) festgehalten. Die vertikalen Listen entsprechen nun genau den Daten, die in einer Nachricht $M_{p,q}$ von p nach q zusammengefaßt werden können (siehe Algorithmus 3.1).

In der allgemeinen Situation sind nun noch die unterschiedlichen Prioritäten und die Stufen in der Mehrgitterhierarchie zu berücksichtigen. Dazu werden *alle* Objekte vom Typ COUPLING innerhalb eines Prozessors nach folgenden Kriterien sortiert (Reihenfolge ist signifikant):

- Listenindex, dieser setzt sich aus dem Typ des verwalteten Objektes (**object** Zeiger) sowie dessen Priorität und der Priorität auf dem Zielprozessor zusammen. Insgesamt gibt es 11 Listenindizes, die in Tabelle 4.8 definiert sind.

- Zielprozessor q.

- Stufe des Objektes.

- Global eindeutige Nummer (Komponente **key**).

Alle COUPLING-Objekte mit gleichem Listenindex und Zielprozessor werden mit ihren **predV**-und **succV**-Komponenten zu einer Liste verbunden, die nach Stufe und innerhalb der Stufe nach globaler **id** sortiert ist. Die MGLISTHEAD-Struktur enthält dann den Anfang einer solchen Liste, wohingegen die LISTHEAD-Struktur den Einsprung auf eine Stufe enthält (für jede Stufe gibt es eine LISTHEAD-Struktur). Dies wird durch Abbildung 4.8 illustriert. Damit ist es möglich, die Daten entweder stufenweise oder für alle Stufen gemeinsam in einer Nachricht zusammenzufassen (siehe Bemerkung 3.2). Weitere Beispiele für die Anwendung der Listenindizes sind die Prozeduren Add1to3 (Listenindex 6) und Send3to1 (Listenindex 2).

Tab. 4.7 LISTHEAD und MGLISTHEAD-Struktur zur Verwaltung der Prozessorgrenzen.

Struktur LISTHEAD		
Typ	*Komponente*	*Kommentar*
unsigned INT	control	Objekttyp und Flags
struct coupling	*pred	doppelt verkettete Liste
struct coupling	*succ	von Nachbarprozessoren
unsigned INT	listindex	Listenindex
unsigned INT	proc	Zielprozessor
VChannelPtr	vc	virtueller Kanal zum Zielprozessor
msgid	fromId	für asynchronen
msgid	toId	Nachrichtenaustausch
char	*fromBuffer	temporär allokierte
char	*toBuffer	Nachrichtenpuffer
INT	nItems	Listenlänge
struct coupling	*theList	erstes Objekt auf dieser Ebene
struct coupling	*last	letztes Objekt auf dieser Ebene
struct mglisthead	*all	alle Ebenen

Struktur MGLISTHEAD		
Typ	*Komponente*	*Kommentar*
unsigned INT	control	Objekttyp und Flags
struct coupling	*pred	doppelt verkettete Liste
struct coupling	*succ	von Nachbarprozessoren
unsigned INT	listindex	Listenindex
unsigned INT	proc	Zielprozessor
VChannelPtr	vc	virtueller Kanal zum Zielprozessor
msgid	fromId	für asynchronen
msgid	toId	Nachrichtenaustausch
char	*fromBuffer	temporär allokierte
char	*toBuffer	Nachrichtenpuffer
INT	nItems	Listenlänge
struct coupling	*theList	erstes Objekt auf unterster Stufe
struct listhead	*lh[MAXLEVEL]	Grenzen aller Ebenen

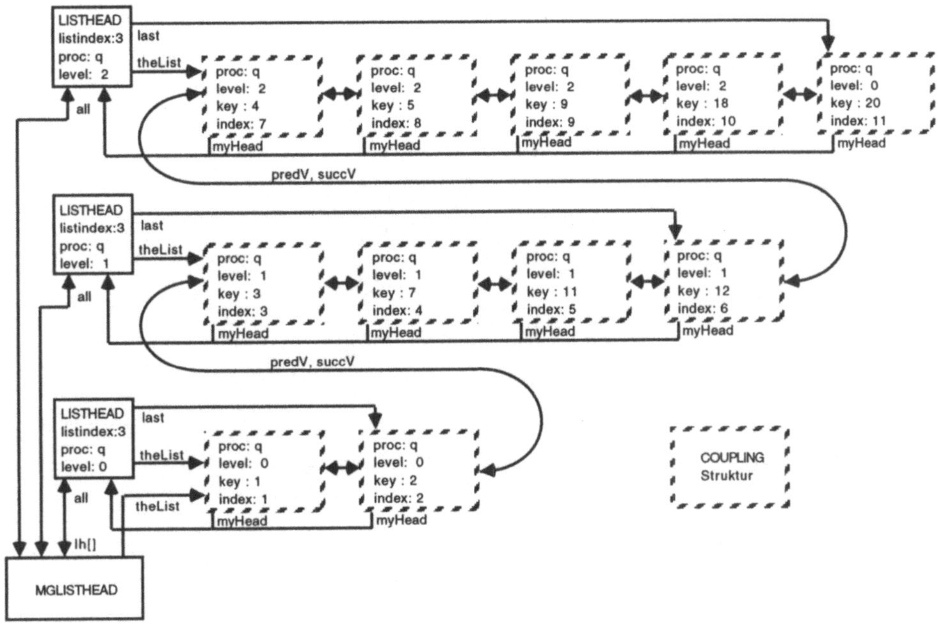

Abb. 4.8 Zur Sortierung der COUPLING- Strukturen.

Tab. 4.8 Auflistung der Listenindizes zum Datenaustausch zwischen den Prozessoren.

Objekttyp	*Listenindex*	*Verwendung*
VERTEX	0	Alle Kopien
NODE	1	lokale Kopie Priorität 2, fremde Kopie Priorität 1
	2	lokale Kopie Priorität 3, fremde Kopie Priorität 1
	3	lokale Kopie Priorität 2 oder 3, fremde Kopie Priorität 2 oder 3
	4	lokale Kopie Priorität 1, fremde Kopie Priorität 1
	5	lokale Kopie Priorität 1, fremde Kopie Priorität 2
	6	lokale Kopie Priorität 1, fremde Kopie Priorität 3
ELEMENT	7	Elementnachbarschaften zwischen Kopien mit Priorität 2
ELEMENT	8	lokale Kopie Priorität 2, fremde Kopie Priorität 1
	9	lokale Kopie Priorität 1, fremde Kopie Priorität 1
	10	lokale Kopie Priorität 1, fremde Kopie Priorität 2

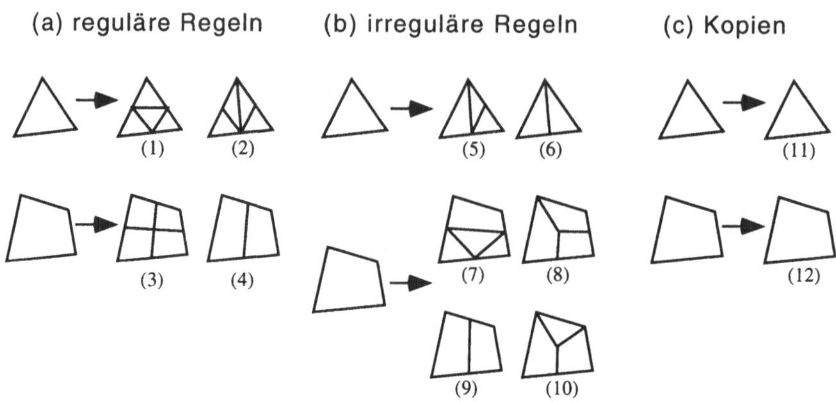

Abb. 4.9 Liste aller in UG implementierten Verfeinerungsregeln.

4.4   Gitterverfeinerung

Die besprochenen Mechanismen zur verteilten Verwaltung der Datenstruktur bezogen sich bis jetzt auf die *statische* Situation. Die Beziehungen zwischen den Prozessoren ändern sich jedoch, wenn Objekte neu erzeugt oder weggenommen werden (Verfeinerung) oder sich die Zuordnung der Objekte zu den Prozessoren ändert (Lasttransfer).

In diesem Abschnitt wollen wir die parallele Version eines Verfahrens zur Erzeugung von geschachtelten Gitterhierarchien im Sinne von Definition 2.2 betrachten. Dabei erweitern wir jedoch den Satz der regulären und irregulären Verfeinerungsregeln auf die in Abbildung 4.9 angegebenen. Die Problematik der Gitterkonstruktion sei zunächst an einem Beispiel verdeutlicht.

4.4.1   Ein Beispiel

Abbildung 4.10 zeigt die Ausgangstriangulierung T_0 bestehend aus 32 Dreiecken. Das mit einem Stern markierte Dreieck in der rechten, unteren Ecke sei zur regulären Verfeinerung vorgesehen. In T_1 wurde es dementsprechend durch vier kongruente Dreiecke ersetzt. Das Nachbardreieck muß, um eine zulässige Triangulierung zu erhalten, durch zwei irreguläre Dreiecke ersetzt werden. Die weiter zu speichernden Objekte werden mit den Knotenklassen aus Definition 2.5 bestimmt.

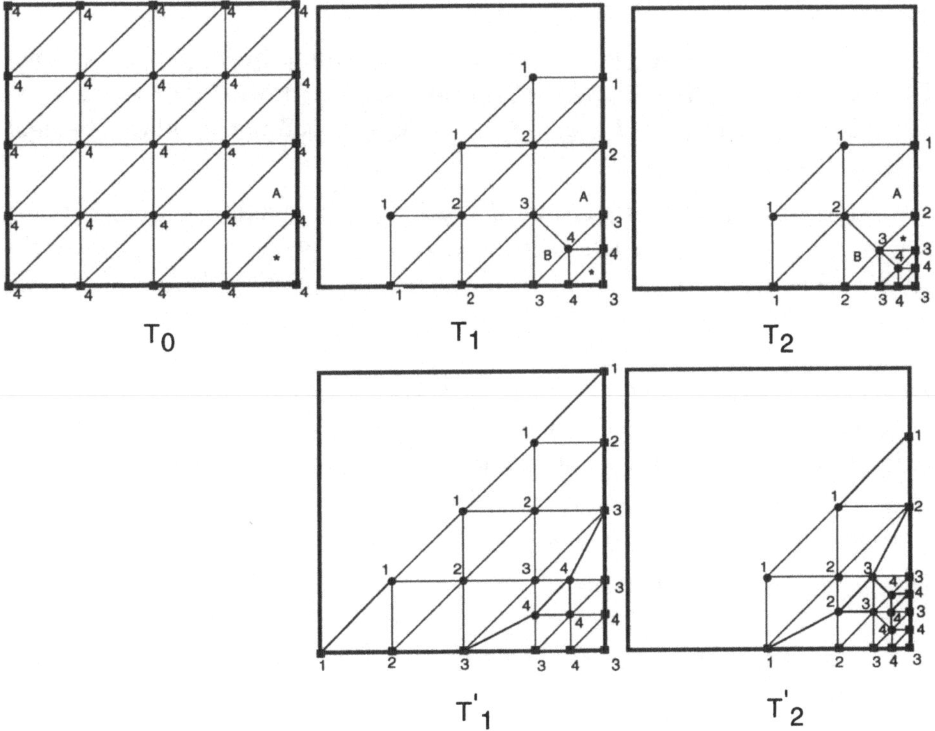

Abb. 4.10 Beispiel zur Gitterverfeinerung.

Die Glättung arbeitet nur auf den Knoten mit Markierung 3 oder 4. Man beachte, daß dies an den irregulären Elemente nicht ganz mit der Definition von $\tilde{V}_k$ nach Bramble-Pasciak-Xu übereinstimmt. So hat sich etwa an der gemeinsamen Ecke der Dreiecke A und B in T_1 (Abbildung 4.10) die Basisfunktion nicht geändert und trotzdem trägt der Knoten die Markierung 3. Die Definition wird jedoch sinnvoll, wenn man berücksichtigt, daß der Nachbarknoten mit der Markierung 4 in UG von der Kante weg bewegt werden darf. Wie in Abschnitt 2.6 werden in T_1 alle Knoten mit einer Markierung 1 und höher, sowie alle Elemente mit einer Ecke mit Markierung 2 und höher, gespeichert.

Das Gitter T_2 entsteht aus T_1, wenn das mit einem Stern gekennzeichnete Element in T_1 zur regulären Verfeinerung selektiert wird. Die entstehende Gitterhierarchie $\{T_0, T_1, T_2\}$ gehorcht der Regel, daß nur reguläre Elemente verfeinert werden dürfen.

Interessant ist nun die Situation, die bei einer Verfeinerung des in T_2 mit einem Stern gekennzeichneten Elementes t entsteht. Da das selektierte Element t eine Kopie eines Elementes aus T_1 ist, ist diese Kopie durch vier kongruente Dreiecke zu ersetzen, es entsteht also *keine* neue Gitterebene T_3! Um eine zulässige Triangulierung zu erhalten, müssen auch die beiden Nachbarn korrigiert werden. Beim südlichen Nachbarn gelingt dies durch Einsatz der Verfeinerungsregel (5) statt der Regel (6) aus Abbildung 4.9, beim anderen Nachbarelement müßte ein irreguläres Element weiter verfeinert werden. Da dies nicht erlaubt ist, muß zunächst T_1 in T_1' umgebaut werden, um dann T_2 in T_2' abändern zu können.

Dieses Beispiel zeigt dreierlei:

- Es kann in einem Verfeinerungsschritt zum Umbau mehrerer Gitterebenen kommen.

- Die Verfeinerungsschritte, die zu einer bestimmten Gitterhierarchie führen, lassen sich i. allg. nicht mehr aus der Hierarchie rekonstruieren.

- Ein Element kann mehrmals auf höhere Ebenen kopiert werden (Dreieck A in T_0, T_1 und T_2).

4.4.2 Algorithmus

Nun betrachten wir einen parallelen Algorithmus, der aus einer geschachtelten Triangulierung wieder eine geschachtelte Triangulierung erzeugt. Dabei dürfen Elemente sowohl verfeinert als auch wieder entfernt (vergröbert) werden. Die generelle Idee des Algorithmus ist es, jedem Element t eine Verfeinerungsregel zuzuordnen. Ist t ein Element auf Stufe k, so bestimmt diese Regel die Söhne von t auf Stufe $k+1$ (siehe Abbildung 4.9). Auf der Stufe k kann somit das Aussehen der Stufe $k+1$ berechnet werden. Um die Manipulation der Datenstruktur weitgehend lokal in jedem Prozessor durchführen zu können, stellen wir folgende Forderung an die Aufteilung der Elemente auf die Prozessoren:

Definition 4.2 Sei t ein Element auf Stufe $k > 0$ und f das Vaterelement von t. Eine Abbildung m der Elemente auf die Prozessoren, wie in Gleichung 3.1, heißt zulässig, wenn für all t gilt:

(a) $m(t) \neq m(f)$ ist erlaubt, falls t ein reguläres Element ist, das regulär oder irregulär verfeinert wurde.

(b) Sonst ist $m(t) = m(f)$ zwingend.

Algorithmus 4.1 Verfeinerung. Die Eingabe des Verfeinerungsalgorithmus erfolgt auf den regulären und irregulären Elementen, die nicht weiter verfeinert sind oder nur noch Kopien über sich tragen. Die Eingabe besteht aus einer Verfeinerungsregel (oder 0 für keine Verfeinerung) und bei regulären Elementen aus einer Markierung zur Vergröberung. Alle übrigen Elemente tragen ihre augenblickliche Verfeinerungsregel als Eingabemarkierung (und keine Vergröberung). Es gelte außerdem die Vereinbarung von Definition 4.2.

(1) Für alle Gitterebenen von $k = j$ abwärts bis $k = 1$:

    (1.1) Schließe Markierungen zu einer zulässigen Triangulierung.

        (1.1.1) Jeder Prozessor durchläuft alle seine Elemente mit Priorität 2 und ersetzt die Markierung durch eine mit den Nachbarn kompatible Markierung. Aufgrund eines vollständigen Satzes von Abschlußregeln ist *keine* Iteration notwendig.

        (1.1.2) Mache Markierungen auf Elementen an Prozessorgrenzen durch eine Kommunikation über Listenindex 7 kompatibel.

    (1.2) Restringiere Markierungen auf Stufe $k - 1$. Durchlaufe dazu in jedem Prozessor alle Elemente t der Stufe $k - 1$ und Priorität 2:

(1.2.1) Ist t eine Kopie, so mache nichts.

(1.2.2) Ist t irregulär verfeinert, so setze die Markierung auf reguläre Verfeinerung falls einer der (irregulären) Söhne eine Markierung zu weiterer Verfeinerung trägt, sonst setze Markierung auf keine Verfeinerung. Wegen Definition 4.2 ist dies ohne Kommunikation durchführbar.

(1.2.3) Ist t regulär verfeinert, so setze die Markierung auf „keine Verfeinerung" falls alle Söhne eine Markierung zur Vergröberung tragen, ansonsten behalte die alte Verfeinerung bei. Wegen Definition 4.2 ist keine Kommunikation erforderlich.

(2) Für alle Gitterebenen von $k = 0$ aufwärts bis $k = j$:

(2.1) Schließe Markierungen für Stufe $k + 1$ wie in Schritt (1.1).

(2.2) Berechne Knotenklassen für Stufe $k + 1$ (auf den Knoten der Stufe k). Alle Knoten seien mit Klasse 0 initialisiert.

(2.2.1) Durchlaufe in jedem Prozessor alle Elemente der Stufe k mit Priorität 2. Trägt das Element eine Markierung zur regulären Verfeinerung, setze alle Eckknoten auf Klasse 3.

(2.2.2) Mache Knotenklassen für Klasse-3-Knoten konsistent durch eine Kommunikation über Listenindex 3 (Maximum bilden).

(2.2.3) Durchlaufe in jedem Prozessor alle Elemente der Stufe k mit Priorität 2 und berechne die maximale Knotenklasse m einer Ecke. Setze nun die Knotenklasse jedes Eckknotens auf das Maximum der bisherigen Knotenklasse und $m - 1$. Damit sind die Klasse-2-Knoten bestimmt.

(2.2.4) Mache lokale Berechnungen der Knotenklassen für Klasse-2-Knoten konsistent (wie Schritt (2.2.2)).

(2.2.5) Wiederhole Schritt (2.2.3) zur Bestimmung der Klasse-1-Knoten. Diese sind nun nicht konsistent, was aber keine Rolle spielt.

(2.3) Bestimme Elemente, die auf Stufe $k + 1$ kopiert werden müssen. Dies geschieht durch einen Durchlauf über alle Elemente t der Stufe k mit Priorität 2. Hat t keine Markierung zur Verfeinerung, aber mindestens einen Eckknoten mit Klasse 2, so wird t zur Kopie markiert.

(2.4) Ersetze alte Verfeinerung durch neue Verfeinerungsregel. Hier wird nun wirklich die Datenstruktur manipuliert. Dazu durchlaufe alle Elemente t der Stufe k mit Priorität 2. Stimmen alte und neue Verfeinerungsregel nicht überein, so werden alle Nachkommen von t auf höheren Stufen entfernt (dies ist lokal möglich, wegen Definition 4.2) und die neuen Söhne auf Stufe $k+1$ erzeugt. Eventuell müssen auch neue Knoten und Kanten auf Stufe k erzeugt werden. Die neu entstehenden Elemente werden somit in dem Prozessor erzeugt, dem das Vaterelement zugeordnet ist.

(2.5) Erzeuge global eindeutige Nummern für neue Objekte auf den Prozessorrändern. Alle nötigen Objektmanipulationen auf Stufe $k+1$ sind nun durchgeführt, und nun müssen die entsprechenden COUPLING-Strukturen zur Verwaltung der mehrfachen Kopien erzeugt werden. Dies gelingt durch je eine Kommunikation über Listenindex 3 und 7 auf Stufe k.

(2.6) Sortiere Prozessorgrenzen der Ebene $k+1$ neu. Dies ist nun lokal in jedem Prozessor möglich, da alle Information vorhanden ist. Damit ist Stufe $k+1$ fertig.

Der Algorithmus wurde absichtlich nur in einer informellen Schreibweise gegeben, um unnötige Formalismen zu vermeiden. Schritt (1) des Algorithmus berechnet die Auswirkungen der Markierungen einer Stufe auf die jeweils darunterliegenden. Erst im Schritt (2) wird wirklich die Datenstruktur manipuliert und zwar nur dann, wenn sich eine Verfeinerungsregel ändert. Da Elemente sowohl verfeinert als auch weggenommen werden, gilt für die Tiefe j' der neuen Gitterhierarchie: $|j - j'| \leq 1$, wenn j die Tiefe der ursprünglichen Hierarchie war.

4.4.3 Komplexität

Um die Komplexität des Verfeinerungsalgorithmus angeben zu können, benötigen wir das folgende Lemma. Dabei beschränken wir uns der Einfachheit halber auf Gitterhierarchien, die nur aus Dreiecken bestehen und die nur die Verfeinerungsregeln (1) und (6) aus Abbildung 4.9 verwenden (siehe dazu auch die Bemerkung 4.1).

Lemma 4.1 Gegeben sei eine geschachtelte Gitterhierarchie $\mathcal{T}$ mit Tiefe j bestehend aus Dreiecken. Es werden nur die Regeln (1) und (6) aus Abbildung 4.9 zugelassen (also insbesondere keine Kopien). Sei $n_k^{(i)}$ die

Zahl der Knoten mit Markierung i auf Stufe k, dann ist $N = \sum_{k=0}^{j} n_k^{(4)}$ die maximale Dimension des Raumes $\mathcal{V}$, in dem die Lösung des Finite-Element-Problems gesucht wird (überall Neumann-Randbedingungen). Sei $\tilde{N} = \sum_{k=0}^{j} (n_k^{(4)} + n_k^{(3)})$ die Zahl aller Knoten mit Markierung 3 oder 4 auf allen Stufen. Dies ist die Summe der Dimensionen all der Räume, in denen Korrekturen berechnet werden. M bezeichne die Zahl der regulären und ir-regulären Elemente, die die nicht weiter verfeinert oder nur noch kopiert wurden. $\tilde{M}$ bezeichne die Zahl der regulären und irregulären Elemente auf allen Stufen der Gitterhierarchie. Dann gilt für eine beliebige geschachtelte Hierarchie

(a) $\tilde{N} \leq 3N$,

(b) $M \leq 2N$ und $\tilde{M} \leq 2\tilde{N}$ falls der Rand des Gebietes und der Verfeine-rungsregionen genügend groß ist (siehe unten).

Beweis: (a) Für eine beliebige zulässige Triangulierung in zwei Raumdimensionen sei n_e die Zahl der Kanten, n_t die Zahl der Dreiecke, n_v die Zahl der Knoten, n_{eb} die Zahl der Randkanten und n_{vb} die Zahl der Randknoten. Wenn die Trianglierung ein l-fach zusammenhängendes Gebiet überdeckt, gelten folgende Formeln:

$$n_e = n_v + n_t - 1 + (l - 1) \tag{4.1}$$
$$n_{eb} = 2n_e - 3n_t \tag{4.2}$$
$$n_{eb} = n_{vb} \tag{4.3}$$
$$n_{eb} \leq n_e \ . \tag{4.4}$$

Die letzten beiden (Un-) Gleichungen sind trivial. Die erste Gleichung erhält man aus der Eulerschen Formel für einfach zusammenhängende Gebiete durch „Aus-stanzen" der $l - 1$ Löcher, die jeweils einfach zusammenhängend sind. Die zweite Gleichung ergibt sich aus der Tatsache, daß jede Kante an zwei Dreiecke grenzt, außer am Rand.

Sei $k > 0$ (für $k = 0$ ist $n_k^{(3)} = 0$) und $R_k \subseteq T_k$ die Menge der regulären Dreiecke auf Stufe k. Das von R_k überdeckte Gebiet sei l-fach zusammenhängend und R_k bestehe aus m_k (regulären) Elementen. Wir benötigen nun eine Abschätzung für $n_k^{(3)}$ durch $n_k^{(4)}$. $n_k^{(3)}$ wiederum zerfällt in $x_k^{(3)}$ und $y_k^{(3)}$, wobei $x_k^{(3)}$ die Zahl der (3) Knoten ist, die Ecke mindestens eines regulären Elementes sind, und $y_k^{(3)}$ ist die Zahl der (3) Knoten, die nicht Ecke eines regulären Elementes sind. Die Knoten in

$y_k^{(3)}$ sind die Ecken irregulärer Elemente, deren gegenüberliegende Kante verfeinert wurde.

Da die Elemente R_k aus regulärer Verfeinerung entstehen, überdecken die Vaterelemente von R_k wieder ein l-fach zusammenhängendes Gebiet und für die Vaterelemente gilt die Eulersche Formel (4.1):

$$\underbrace{n_k^{(4)}}_{n_e} = \underbrace{x_k^{(3)}}_{n_v} + \underbrace{\frac{m_k}{4}}_{n_t} - 1 + (l-1) \tag{4.5}$$

also

$$x_k^{(3)} = n_k^{(4)} - \frac{m_k}{4} + 1 - (l-1) \le n_k^{(4)} - \frac{m_k}{4} + 1 \ . \tag{4.6}$$

Wenden wir (4.2) auf die Vaterelemente der Dreiecke in R_k an, so erhalten wir unter Ausnutzung von (4.4):

$$\underbrace{y_k^{(3)}}_{\le n_{eb}} \le \underbrace{2n_k^{(4)}}_{2n_e} - \underbrace{3\frac{m_k}{4}}_{3n_t} \le \underbrace{n_k^{(4)}}_{n_e} \ . \tag{4.7}$$

Aus der rechten Ungleichung folgt $m_k \ge \frac{4}{3}n_k^{(4)}$ und damit gilt zusammen mit 4.6:

$$x_k^{(3)} \le \frac{2}{3}n_k^{(4)} + 1 \le n_k^{(4)} \ . \tag{4.8}$$

$y_k^{(3)}$ kann nach (4.7) durch $n_k^{(4)}$ abgeschätzt werden. Insgesamt erhalten wir damit die Beziehung:

$$n_k^{(4)} + n_k^{(3)} = n_k^{(4)} + x_k^{(3)} + y_k^{(3)} \le \frac{8}{3}n_k^{(4)} + 1 \le 3n_k^{(4)} \ . \tag{4.9}$$

In der allgemeinen Situation kann R_k in mehrere unzusammenhängende Teile zerfallen (die jeweils mehrfach zusammenhängend sind). Für jeden Teil gilt (4.9) und die Summe über alle Teile zeigt, daß (4.9) global gilt. Die Summe über alle Stufen zeigt schließlich die Behauptung (a) des Lemmas.

(b) Aus $n_e = n_v + n_t - 1 + (l-1)$ für jeden unzusammenhängenden Teil von R_k und $n_{eb} = 2n_e - 3n_t$ folgt $n_t = 2n_v - n_{eb} - 2 + 2(L-K) \le 2n_v$ falls $n_{eb} + 2 > 2(L-K)$, wobei K die Anzahl der unzusammenhängenden Teile von R_k und L die Summe der Zusammenhangszahlen dieser Teile ist. Damit folgt unter der genannten Voraussetzung $\tilde{M} \le 2\tilde{N}$. Die Triangulierung M überdeckt das Gebiet Ω, und obige Argumentation zeigt $M \le 2N$, falls die Zahl der Randkanten größer ist als die Zusammenhangszahl von Ω. $\qquad\square$

Bemerkung 4.1 (a) Die Aussage des Lemmas gilt für beliebige lokale Verfeinerung ohne Vorgabe eines geometrischen Wachstumsfaktors. Die Abschätzung 4.9 ist scharf, wird aber sehr grob, wenn der Rand gegenüber dem Inneren vernachlässigbar klein wird. In diesem Fall gilt $\tilde{N} \approx \frac{5}{3}N$ (dies gilt immer für Standard-BPX), bei globaler Verfeinerung gilt sogar $\tilde{N} \approx \frac{4}{3}N$. Die zweite Aussage des Lemmas über die Zahl der Dreiecke wird umso besser, je kleiner der Rand gegenüber dem Inneren wird.

(b) Die kopierten Elemente werden in dem Lemma nicht berücksichtigt. Deren Anzahl ist in jedem Fall proportional zu $y_k^{(3)}$, da jeder (1) Knoten Abstand 2 im Graph von einem (3) Knoten hat und der Knotengrad beschränkt ist. Die optimale Komplexität wird dadurch also nicht beeinflußt und der Aufwand ist in der Praxis vernachlässigbar. Allerdings liefert die geschilderte Methode eine sehr ungenaue Abschätzung.

(c) Man kann die Analyse des Lemmas auf allgemeine Vierecksnetze ausdehnen, indem man jedes Viereck in zwei Dreiecke zerlegt und dann die Eulersche Formel anwendet. Mit n_q der Zahl der Vierecke, erhält man dann $n_e = n_v + n_q - 1$. Gleichung 4.8 wird dann zu ($n_k^{(4)} \geq 5$):

$$x_k^{(3)} \leq \frac{6}{10} n_k^{(4)} + 1 \leq n_k^{(4)} \ . \tag{4.10}$$

Da $y_k^{(3)} \leq n_k^{(4)}$ in jedem Fall, gilt Abschätzung (a) des Lemmas auch für gemischte Dreiecks- und Vierecksnetze. Abschätzung (b) wird für Vierecke günstiger, da $n_q < n_v$.

Da alle Operationen im (seriellen) Verfeinerungsalgorithmus proportional zu $\tilde{N}$ oder $\tilde{M}$ aus Lemma 4.1 sind, gilt folgender Satz:

Satz 4.1 Komplexität des Verfeinerungsalgorithmus. In der seriellen Version ist der Aufwand für die Konstruktion einer geschachtelten Gitterhierarchie aus einer gegebenen Hierarchie und entsprechenden Verfeinerungsmarkierungen proportional zur Zahl der Knoten N der feinsten Triangulierung.

In der parallelen Version können die Operationen auf einer Stufe bei optimaler Lastaufteilung parallel durchgeführt werden. Die Zahl der Kommunikationsschritte ist allerdings abhängig von der Stufenzahl: $6j$ (Schritte (1.1.2), (2.1), (2.2.2), (2.2.4), Zwei in (2.5)). Der Aufwand für die Sortierung der

Prozessorgrenzen in Schritt (2.6) ist im Mittel $\sum_{k=0}^{j} O(L_k \log L_k)$, wenn L_k die maximale Zahl von Objekten der Stufe k auf der Grenze eines Prozessors ist (Quicksort).

4.5   Lasttransfer

Neben der Gitterverfeinerung ist der Algorithmus zur parallelen Umverteilung der Datenstruktur die zweite zentrale Komponente des Programmbaukastens UG. In diesem Abschnitt beschreiben wir dieses Modul kurz und gehen auf die auftretenden Probleme ein. Eine genaue Formalisierung der Konzepte findet sich in [23].

Algorithmus 4.2 Parallele Umverteilung. Gegeben sei eine geschachtelte Gitterhierarchie $\mathcal{T}$ mit Tiefe j. Die Elemente seien in einer beliebigen Weise den Prozessoren mittels einer Abbildung m zugeordnet: $m : \mathcal{T} \to P$. Die neue Zuordnung sei durch die Abbildung m' gegeben (eine Zahl pro Element).

Solange noch nicht alle Elemente transferiert sind, iteriere folgende Schritte:

(1) Bestimme für jeden Prozessor p eine Menge $Q_p \subseteq P$ von Prozessoren, an die dieser Daten abgeben will. Für jedes $q \in Q_p$ bestimme die Elemente $X_{pq} \subseteq \mathcal{T}_p$, die p an q abgeben will.

(2) Berechne die neue Verteilung der Objektkopien entsprechend den Zuordnungsregeln in Definition 4.1 für die Abbildung m'. Dies geschieht durch je eine Kommunikation über alle Listenindizes und Stufen.

(3) Jeder Prozessor p assembliert die Objekte für alle $q \in Q_p$ in je eine Nachricht. Dabei sind Zeiger durch lokale Nummern innerhalb der Nachricht zu ersetzen.

(4) Prüfe, ob Speicher zum Transfer der Nachrichten und Auspacken der Objekte ausreichend ist.

(5) Tausche Nachrichten aus.

(6) Lösche die gesendeten Nachrichten, sowie alle nicht mehr benötigten Objektkopien und die Verweise auf sie.

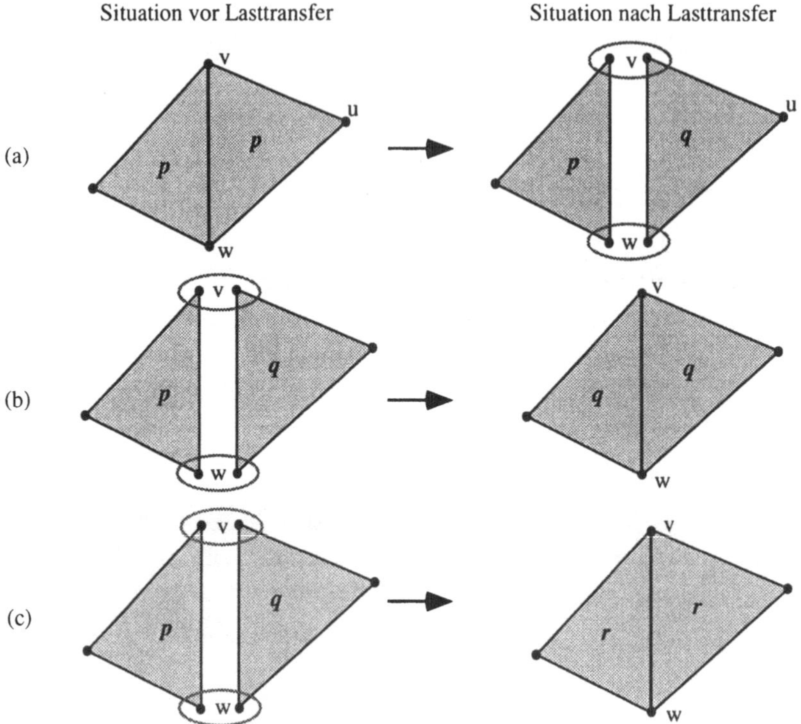

Abb. 4.11 Standardsituationen im Lasttransfer.

(7) Verarbeite alle empfangenen Nachrichten. Dazu sind alle lokal noch nicht existierenden Objektkopien neu zu erzeugen bzw. bereits existierende zu finden. Dann können Daten und Zeiger eingesetzt werden. EDGE-Objekte werden nur entsprechend der Geometrie erzeugt.

(8) Sortiere die Prozessorgrenzen neu.

Der Umverteilungsalgorithmus ist sehr speicherintensiv. Deswegen kann die gesamte Umverteilung automatisch in kleinere Portionen zerlegt werden. Diese Portionen werden in Schritt (1) bestimmt. Jede Iteration der Schritte (1)-(8) hinterläßt eine konsistente Datenstruktur, so daß auch bei einem Abbruch in Schritt (4) noch weiter gerechnet werden kann oder die Portionen noch kleiner gewählt werden können. Schritt (2) berechnet die Positionen der Objektkopien nach dem Lasttransfer. Betrachte dazu Abbildung 4.11(a) als Beispiel. Prozessor p stellt in Schritt (2) fest, daß jeder der Prozessoren p und q je eine Kopie der Knoten v und w benötigen wird. Knoten u wird nach dem Transfer nur in Prozessor q benötigt. Im nächsten Schritt werden die zu übertragenden Daten in eine Nachricht gesammelt. Im Beispiel (a) der Abbildung 4.11 sind dies das rechte Dreieck und seine Eckknoten u, v und w. Nach dem Austauschen der Nachrichten und Löschen nicht mehr benötigter Objekte werden diese vier Objekte in Prozessor q neu erzeugt. In der Situation (b) hingegen, wenn p auch das linke Dreieck noch an Prozessor q abgibt, werden die in der Nachricht enthaltenen Knoten v und w nicht neu erzeugt, sondern mit Hilfe ihres Index in der Liste der Objekte auf Prozessorgrenzen identifiziert. Noch komplizierter ist die Situation in Beispiel (c). Hier empfängt Prozessor r je eine Nachricht von q und p, in der (unter anderem) jeweils die Knoten v bzw. w enthalten sind. Nur beim Entpacken der ersten Nachricht in Schritt (7) werden die beiden Knoten erzeugt. Beim Entpacken der zweiten Nachricht müssen sie durch ihre global eindeutige Nummer identifiziert werden. Schritt (8) sortiert die geänderten Prozessorgrenzen neu. Die Komplexität des Umverteilungsalgorithmus behandelt folgende Bemerkung:

Bemerkung 4.2 Komplexität der Umverteilung. In den Schritten (2) und (6) sind Schleifen über alle Objekte eines Prozessors erforderlich, hierbei ist noch Lastgleichheit gewährleistet. Schritte (3) und Teile von (7) sind proportional zur Zahl der transferierten Elemente pro Prozessor. Hierbei ist die Arbeit naturgemäß sehr ungleich verteilt, da einmal nur die Prozessoren mit Überlast und einmal nur die Prozessoren mit Unterlast etwas zu tun haben. In den Schritten (7) und (8) sind Sortieroperationen notwendig, die im Mittel $O(n \log n)$ Operationen benötigen. Dabei ist n aber nur die Zahl der Objekte, für die Situation (b) oder (c) aus obigem Beispiel zutrifft oder die maximale Länge der Prozessorgrenze in einem Prozessor. Kommunikation findet in den Schritten (2) und (5) statt, dazwischen finden aber noch globale Synchronisationen statt, um Fehlersituationen abzufangen.

Die theoretische Komplexität des Algorithmus ist befriedigend, allerdings sind im Vergleich zum Mehrgitterzyklus für eine skalare Gleichung doch relativ viele Operationen auszuführen, wie in den praktischen Ergebnissen dokumentiert wird. Für eine genaue Diskussion des Aufwandes für den Lasttransfer sei auf das Ergebniskapitel verwiesen.

5 Lastverteilung

Nach einer mathematischen Formulierung der Lastverteilungsprobleme für
Ein- und Mehrgitterverfahren stellen wir heuristische Verfahren zu deren
Lösung vor. Der Schwerpunkt liegt hierbei auf einer Diskussion der Lastverteilungsmethoden für Mehrgitterverfahren. Eine Übersicht über Methoden
für Eingitterverfahren wird im Anhang gegeben.

5.1 Übersicht

Die Aufgabe der Lastverteilung ist es, einzelne, parallel ausführbare Teilprobleme so auf die Prozessoren abzubilden, daß (1) jeder Prozessor gleich viel
zu tun hat und (2) die notwendige Kommunikation zwischen den Prozessoren
möglichst gering ist. Dabei ist sowohl der Umfang der Kommunikation als
auch die Entfernung zu beachten. Weiterhin ist zu berücksichtigen, daß das
Lastverteilungsverfahren selbst Teil des Gesamtalgorithmus ist und somit
die Rechenzeit für die Lastverteilung in die Minimierung der Gesamtlaufzeit
mit einbezogen werden muß. Dieser Punkt ist besonders im Zusammenhang
mit der optimalen Komplexität des Mehrgitterverfahrens wichtig.

Das Lastverteilungsproblem wird in der Literatur in verschiedenen Zusam-
menhängen betrachtet, die sich in drei Klassen gliedern:

- **völlig unabhängige Teilprobleme**
Diese Fragestellung wird im Bereich der Lastverteilung auf Betriebssyste-
mebene behandelt. Die Teilprobleme entsprechen dabei einzelnen Prozessen.
Charakteristisch für diesen Ansatz ist, daß man den Bedarf eines Prozesses
an Betriebsmitteln (Rechenzeit, Speicher, Ein/Ausgabe, ...) nicht kennt
und deshalb mit statistischen Methoden arbeiten muß. Diese Art der Lastverteilung wird z.B. in [73], [38], [78] betrachtet.

- **gekoppelte Teilprobleme mit zeitlicher Abhängigkeit**
Bei diesem Modell stellt man sich einen *gerichteten, azyklischen* Graphen
vor. Jeder Knoten steht für eine Teilaufgabe, eine Kante von Teilaufgabe

A zu Teilaufgabe B bedeutet, daß Teilaufgabe B mit der Berechnung erst beginnen kann, wenn Teilaufgabe A bestimmte Ergebnisse bereitgestellt hat. Dieses Modell wird in [87] als *task precedence graph* (TPG) bezeichnet.

- **gekoppelte Teilprobleme ohne zeitliche Abhängigkeit**
Hier stellt man sich eine Menge parallel bearbeitbarer Teilaufgaben vor, die Daten miteinander austauschen müssen, von der genauen zeitlichen Abfolge wird dabei aber abstrahiert. Das Modell ist somit ein *ungerichteter* Graph, wobei eine Kante zwischen Teilaufgabe A und B bedeutet, daß diese Teilaufgaben miteinander kommunizieren werden. Dieses Model wird in [87] als *task interaction graph* (TIG) bezeichnet.

Für die Lastverteilung von Finite-Element-Verfahren kommen nur die beiden letzten Modelle in Frage. Dabei sind in diesem Fall die parallel berechenbaren Teilprobleme durch die Knoten bzw. Elemente des Gitters charakterisiert (je nach Algorithmus). In der Literatur wurden in diesem Zusammenhang bis jetzt fast ausschließlich Eingitterverfahren behandelt, für die sich das TIG-Modell anbietet. Bei Betrachtung des Mehrgitterverfahrens stellt man allerdings fest, daß dies mit einem TPG-Modell beschrieben werden muß, da die Datenabhängigkeiten zwischen den Stufen nicht vernachlässigt werden können. Trotzdem werden wir auch das TIG-Modell ausführlich behandeln, da die Heuristiken für den Mehrgitterfall wesentliche Komponenten aus dem Eingitterfall verwenden.

In Kapitel 3 wurde eine elementorientierte Aufteilung des Gitters aus implementierungstechnischen Gründen bevorzugt. Die folgende Bemerkung zeigt, daß dies auch aus der Sicht der Lastverteilung vorteilhaft ist:

Bemerkung 5.1 Sei eine Triangulierung T mit n_v Knoten und n_t Dreiecken gegeben, für die die Eulersche Formel gelte (siehe Lemma 4.1). Sei A eine dünn besetzte Matrix, deren Graph genau T entspricht. Dann gilt für die Zahl der Gleitkommaoperationen für ein Matrix-Vektor-Produkt $y = Ax$:

$$FP(Ax) = 7n_t + 3n_{vb} + 2 \ , \tag{5.1}$$

wobei n_{vb} die Zahl der Knoten auf dem Rand von T ist.

Beweis: Betrachte eine Zeile der Matrix (entsprechend einem Knoten der Triangulierung). Für jedes Nichtnullelement der Zeile benötigt man eine Addition und eine Multiplikation. Somit gilt $FP(Ax) = 2(n_v + 2n_e)$ (n_e: Zahl der Kanten). Mit Hilfe der Formeln $n_e = n_v + n_e - 1$ und $2n_e = 3n_t + n_{vb}$ folgt obige Behauptung. □

Da für genügend große Gitter üblicherweise $n_{vb} \ll n_t$ ist, ergibt eine Gleichverteilung der Dreiecke eine gute Lastverteilung für ein Matrix-Vektor-Produkt, die aufwendigste Operation im Löser. Eine Gleichverteilung der Knoten würde bei Nichtbeachtung des Knotengrades eventuell eine sehr ungleiche Lastverteilung für diese Operation ergeben. Zudem ist der Aufwand zum Aufstellen der Matrix A bei Finite-Element-Methoden proportional zu n_t.

Die erste Abschwächung des Lastverteilungsproblems erhält man, indem statt der Gesamtrechenzeit des Verfahrens nur die Zeit für einen Mehrgitterzyklus minimiert wird. Die Motivation für diesen Schritt ist, daß der Mehrgitterlöser einen großen Anteil an der Rechenzeit stellt und daß Aufteilungen, die die Ausführungszeit eines Mehrgitterzyklus minimieren, i. allg. auch gute Aufteilungen für die übrigen Komponenten Diskretisierung, Fehlerschätzer und Gitterverfeinerung liefern. Die wesentlichen Voraussetzungen für diese Abschwächung sind allerdings:

- Die Rechenzeit für die Lastverteilung (Berechnung der Abbildung und Verschieben der Daten) ist klein gegenüber der für die übrigen Komponenten. Wir werden also den Zeitbedarf der Lastverteilung nicht explizit in das Kostenfunktional einbeziehen, sondern als Nebenbedingung nur Lastverteilungsverfahren betrachten, deren Aufwand gegenüber der Numerik klein ist.

- Sekundäre Effekte, wie die Abhängigkeit der Konvergenzrate des Mehrgitterverfahrens von der Aufteilung, Cache-Ausnutzung oder lokale Vektorisierungsmöglichkeiten werden vernachlässigt.

Die weiteren Abschnitte beschäftigen sich somit mit der abgeschwächten Aufgabe:

Finde eine Abbildung der Elemente auf die Prozessoren, die die Ausführungszeit für einen Mehrgitterzyklus minimiert.

Bevor wir diese Aufgabe weiter formalisieren, beschäftigen wir uns erst mit Methoden zur abstrakten Beschreibung paralleler Algorithmen.

5.2 Mathematische Formulierung des Problems

5.2.1 Graphenmodelle

In der Literatur sind eine Reihe von Methoden bekannt wie etwa CSP [58], Petri-Netze [24] oder elementare Berechnungsschemata [24]. Wir beschränken uns auf zwei einfache Methoden, die zur Beschreibung der hier verwendeten Algorithmen ausreichend sind, nämlich den schon oben erwähnten TPG- und TIG-Modellen.

Definition 5.1 TPG-Modell. Ein TPG-Modell ist ein gerichteter, azyklischer Graph $G = (V, E)$ mit Beschriftungen $w : V \to \mathbf{N}$ (Rechenzeit einer Aktion) und $c : E \to \mathbf{N}$ (Aufwand für den Datenaustausch zweier Aktionen) der Knoten und Kanten. Jeder Knoten $v \in V$ steht dabei für eine Aktion, die gewisse Eingaben benötigt und Ausgaben an andere Aktionen liefern kann. Die Ein- bzw. Ausgaben werden durch die Kantenmenge E beschrieben. Die Ausführung eines TPG ist analog der von Petri-Netzen, d.h. eine Aktion kann erst beginnen, wenn alle Eingaben vorliegen. Erst wenn die Aktion fertig berechnet ist, werden die Ausgaben an die Nachfolger weitergegeben.

Da der Graph G zyklenfrei ist, können keine Konfliktsituationen entstehen. Die Berechnung beginnt an den Knoten, die keine eingehenden Kanten besitzen und endet an den Knoten, die keine ausgehenden Kanten haben. Das TPG-Modell ist in der Lage, den natürlichen Parallelismus in einem Algorithmus aufzudecken, und ist vergleichbar mit den elementaren Berechnungsschemata (siehe [24]). Der frühestmögliche Zeitpunkt, zu dem eine Aktion $v \in V$ begonnen werden kann, ist gegeben durch folgende Funktion $\vartheta : V \to \mathbf{N}$:

$$\vartheta(v) = \begin{cases} 0 & \neg \exists v' \in V : (v', v) \in E \\ \max_{(v', v) \in E} \{\vartheta(v') + w(v') + c(v', v)\} & \text{sonst} \end{cases} \tag{5.2}$$

Alle Knoten $v \in V$ mit $\vartheta(v) = i$ können zum diskreten Zeitpunkt i gleichzeitig begonnen werden. Die Zahl

$$K = \max_{v \in V} \{\vartheta(v) + w(v)\} \tag{5.3}$$

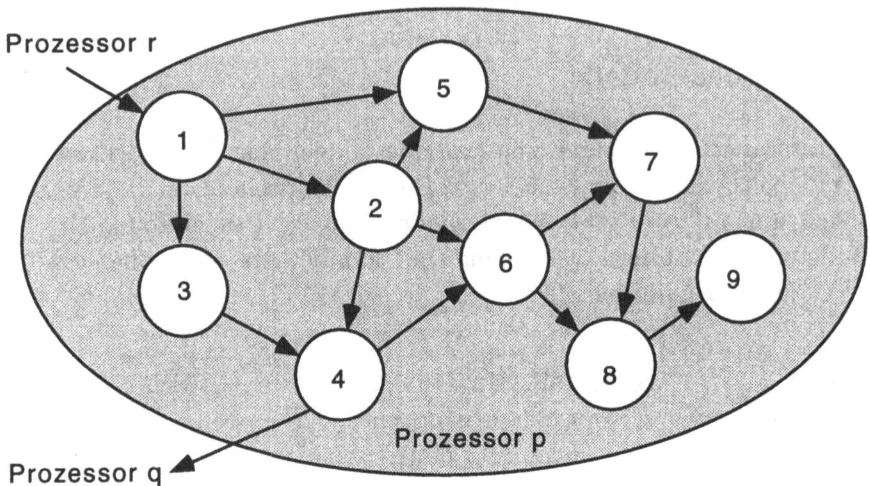

Abb. 5.1 Beispiel zur Abarbeitung eines TPG auf einer beschränkten Prozessorzahl.

ist die kürzeste Berechnungszeit für alle Aktionen unter der Annahme, daß beliebig viele Prozessoren verfügbar sind. K mißt somit die *parallele Komplexität* des Algorithmus. Wir wollen uns nun der praktisch interessanteren Frage der Ausführung eines TPG auf einer *beschränkten* Zahl von Prozessoren zuwenden. Falls zu einem Zeitpunkt i mehr Aktionen gestartet werden können als Prozessoren verfügbar sind, so muß zusätzlich noch die Reihenfolge der Ausführung in einem Prozessor festgelegt werden. Einfache Beispiele zeigen auch, daß es sogar günstig sein kann, eine Aktion v vor einer Aktion v' zu bearbeiten, obwohl $\vartheta(v') < \vartheta(v)$ gilt. In Abb. 5.1 ist es günstig, erst die Aktionen 1, 2, 3, 4 und dann 5, ... zu bearbeiten, da dann die von 4 abhängigen Aktionen früher gestartet werden können, obwohl $\vartheta(5) < \vartheta(4)$.

In der Praxis ist auch die Granularität des parallelen Algorithmus ein entscheidender Punkt. Aus Effizienzgründen ist es i. allg. nicht möglich, jedes Ergebnis einer Aktion sofort zu den Nachfolgeaktionen zu schicken, sondern es werden mehrere Ergebnisse zu einer größeren Nachricht zusammengefaßt. Dies motiviert die folgende Definition der Ausführung eines TPG auf einer beschränkten Zahl von Prozessoren:

Definition 5.2 Ausführung eines TPG auf beschränkter Prozessorzahl. Sei ein TPG (G, w, c) gegeben sowie eine Abbildung m der Aktionen auf die Prozessoren $m : V \to P$ und eine Reihenfolgefunktion $r : V \to \mathbf{N}$. $V_p = \{v \in V | m(v) = p\}$ bezeichnet dann die dem Prozessor p zugewiesenen Aktionen. Der Einfachheit halber soll für r gelten, daß

$$\mathrm{range}(r) = \bigcup_{v \in V_p} r(v) = \{0, 1, \ldots, R_p\} \ .$$

Weiter müssen m und r so beschaffen sein, daß der Graph $G' = (V', E')$ mit

$$V' = \{V_p^i\}, \ p \in P, i \in [0, R_p],$$
$$V_p^i = \{v \in V | m(v) = p \wedge r(v) = i\}$$
$$(V_p^i, V_q^j) \in E' \Leftrightarrow (\exists (v, v') \in E : v \in V_p^i \wedge v' \in V_q^j) \vee (p = q \wedge i + 1 = j)$$

$$(5.4)$$

zyklenfrei ist. Der Prozessor mit der Nummer p bearbeitet dann die ihm zugewiesenen Aktionen in der folgenden Weise:

```
for (i = 0;  i ≤ Rp;  i = i + 1) {
    Warte auf alle Eingaben für Vp^i;
    Bearbeite alle v ∈ Vp^i;
    Sende Ergebnisse zu allen Nachfolgern von Vp^i;
}
```

Analog zur Funktion ϑ kann man nun die Ausführungszeit für den Graphen G' berechnen unter Berücksichtigung der Zeiten, in denen ein Prozessor eventuell nichts zu tun hat. Dazu benötigen wir noch eine Entfernungsfunktion $d : P \times P \to \mathbf{N}$ für die Prozessoren und nehmen an, daß die Weitergabe von Ergebnissen innerhalb eines Prozessors nichts kostet ($d(p, p) = 0$).

Bemerkung 5.2 Ausführungszeit eines TPG. Sei ein TPG mit Abbildungen m und r wie in Definition 5.2 sowie einer Abstandsfunktion $d(p, q)$ gegeben. Der Graph G' sei definiert wie in Definition 5.2, Dann ist

$$\vartheta'(V_p^i) = \left(\max_{W \in \{Z \in V' | (Z, V_p^i) \in E'\}} \vartheta'(W) \right) + \sum_{v \in V_p^i} w(v) +$$

$$\sum_{(v,z) \in E, v \in V_p^i, (V_p^i, V_{m(z)}^{r(z)}) \in E'} c(v,z) d(p, m(z)) \tag{5.5}$$

der Zeitpunkt, zu dem die Berechnung aller $v \in V_p^i$ beendet ist und alle Ergebnisse in den Zielprozessoren angekommen sind.

Das Lastverteilungsproblem für TPG-Modelle ist dann formal definiert durch:

Definition 5.3 Lastverteilungsproblem für TPG Modelle. Gesucht sind diejenigen Abbildungen m und r mit den Beschränkungen aus Definition 5.2, die die maximale Laufzeit eines Prozessors minimieren:

$$\min_{m,r} \max_{p \in P} \vartheta'(V_p^{R_p}) \tag{5.6}$$

Das wesentlich einfachere TIG Modell wird in folgender Definition eingeführt:

Definition 5.4 TIG-Modell. Ein TIG-Modell ist ein ungerichteter Graph $G = (V, E)$ mit Beschriftungen $w : V \to \mathbf{N}$ und $c : E \to \mathbf{N}$ der Knoten und Kanten. Die Knoten stehen dabei für gleichzeitig ausführbare Aktionen. Am Ende der Berechnung einer Aktion muß diese Daten mit den durch die Relation E gegebenen Nachbarn austauschen. Der Datenaustausch ist bidirektional.

Ein TIG-Modell kann einfach mit einem TPG-Modell simuliert werden. Dabei wird wie in Abb. 5.2 jeder Knoten des TIG durch zwei Knoten im zugehörigen TPG repräsentiert. Der erste Knoten führt die Berechnung durch, der zweite hat die Aufgabe, auf das Ende der Berechnung des ersten Knotens und der Nachbarknoten zu warten.

Nun sind wir in der Lage, die genauen Kostenfunktionale für Ein- bzw. Mehrgitterverfahren angeben zu können. Dazu entwerfen wir die entsprechenden

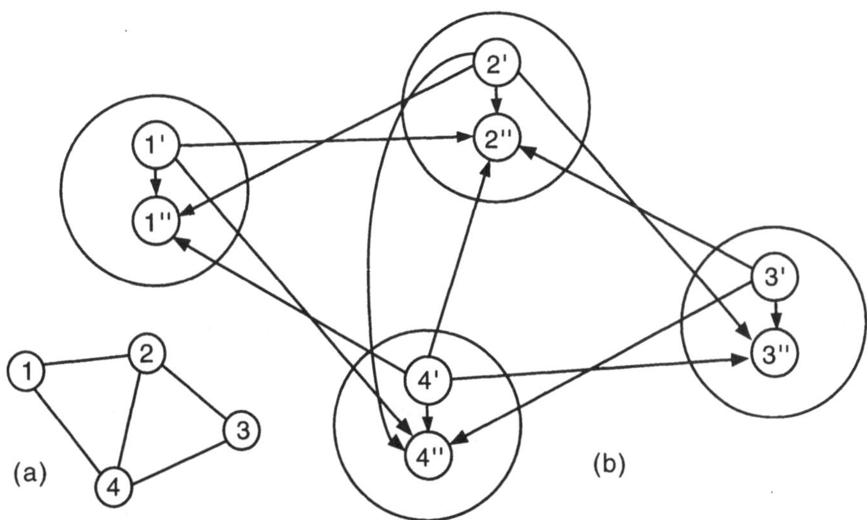

Abb. 5.2 Simulation eines TIG Modelles (a) mit Hilfe eines TPG Modelles (b).

TIG- oder TPG-Modelle und entwickeln dann Spezialisierungen von Formel 5.5.

Wir führen zunächst folgende Notation ein: Sei eine geschachtelte Triangulierung $\mathcal{T} = \cup_{k=0}^{j} T_k$ gegeben, wobei T_k die Elemente der Stufe k sind, mit der Vater-Sohn-Beziehung F_k zwischen Elementen der Stufen k und $k+1$:

$$F_k \subseteq T_k \times T_{k+1} \; .$$

$$(5.7)$$

Weiter sei N_k die Menge der Knoten der Stufe k und die Funktion $N(t)$ ordne jedem Element t die Menge seiner drei bzw. vier Eckknoten zu. Mit der eindeutigen Abbildung $m : \mathcal{T} \to P$ der Elemente auf die Prozessoren ergeben sich die Bezeichnungen

$$T_k^p = \{t \in T_k | m(t) = p\} \; ,$$
$$N_k^p = \bigcup_{t \in T_k^p} N(t) \; ,$$
$$A_k^{p,q} = \sum_{(t,t') \in F_k} \delta_{p,m(t)} \delta_{q,m(t')} \; ,$$

$$B_k^{p,q} = |N_k^p \cap N_k^q| \ .$$

$$(5.8)$$

5.2.2 Kostenfunktionale für Eingitterverfahren

Hier treffen wir die Annahme, daß das Verfahren durch ein TIG-Modell modelliert werden kann, dies trifft etwa für Punkt-Jacobi oder Konjugierte-Gradienten-Verfahren zu. Nicht mit eingeschlossen sind etwa ILU- oder Gauß-Seidel-Verfahren mit vorgegebener Numerierung der Gitterpunkte. Zwischen den Knoten, die *einem* Prozessor zugeordnet sind, können jedoch beliebige Datenabhängigkeiten realisiert werden, so daß auch inexakte Block-Jacobi-Verfahren eingeschlossen sind. Allerdings hängt die Blockbildung von der Aufteilung ab. Die zugelassenen Verfahren sind durch eine parallele Berechnungsphase und einen Datenaustausch am Ende der Berechnung gekennzeichnet. Für den Ablauf der Kommunikationsphase kann man verschiedene Annahmen treffen. Wir nehmen an, daß keine Überlappung mit der Berechnung stattfindet, d.h. erst wenn alle Prozessoren q ihre Berechnung beendet haben, werden alle Nachrichten nacheinander abgeschickt. Allerdings soll parallel dazu Empfangen mehrerer Nachrichten möglich sein. Bei gegebener Abbildung m beschreibt $H_{EG}(k)$ den Zeitbedarf eines Eingitterverfahrens angewandt auf T_k:

$$H_{EG}(k) = c_1 \max_{p \in P} |T_k^p| + c_2 \max_{p \in P} \left\{ \sum_{q \neq p} B_k^{p,q} d(p,q) \right\} \ .$$

$$(5.9)$$

Dabei sind c_1, c_2 rechnerabhängige Proportionalitätskonstanten[1], die nicht weiter spezifiziert werden sollen. Die Funktion $d(p,q)$ soll wieder ein Maß für die Entfernung zweier Prozessoren sein (mit $d(p,p) = 0$).

Die wesentliche Annahme in H_{EG} ist die Vernachlässigung der Aufsetzzeiten[2] für die Nachrichten. Dies ist nur auf feineren Gittern mit relativ großem $B_{p,q}$ auch gewährleistet. Weiterhin modelliert Formel (5.9) auch keine Kollisionen im Verbindungsnetzwerk des Multiprozessors.

---

[1]Die Konstanten $c_1, c_2, \ldots$ sind generische Konstanten, d.h. die hier verwendete Konstante c_i ist nicht identisch mit einem in einer späteren Formel verwendeten c_1.

[2]Üblicherweise modelliert man die Zeit, die für die Übertragung einer Nachricht mit n Bytes notwendig ist, durch $t = \alpha + n\beta$. α kann je nach Rechnerarchitektur auch nicht vernachlässigbare Werte annehmen.

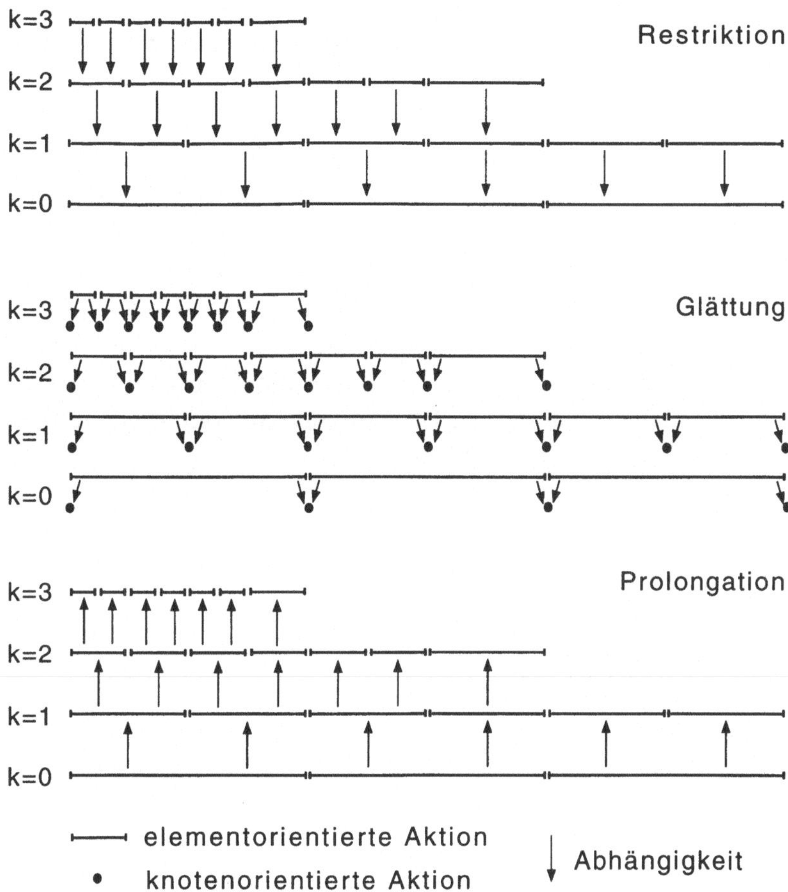

Abb. 5.3 TPG-Modelle für Restriktion, eine Punkt-Jacobi-Glättung und Prolongation im additiven Mehrgitterverfahren.

5.2.3 Kostenfunktionale für additives Mehrgitterverfahren

Bei der genauen Modellierung des zeitlichen Ablaufes in den parallelen Mehrgitterverfahren mit einem TPG-Modell ergibt sich folgende Schwierigkeit: Die genaue Zahl der Objekte (insbesondere Knoten) ist von der Aufteilung m abhängig. Im TPG-Modell benötigen wir aber *einen* festen Graphen G, für den die optimalen Abbildungen m, r ermittelt werden sollen.

Eine Lösung zeigt Abbildung 5.3. Dort werden Restriktion und Prolongation als rein elementorientierte Operationen modelliert. Mit der Berechnung in einem Element kann erst begonnen werden, wenn die Berechnung an beiden Sohnelementen (1D) abgeschlossen ist. Numerisch entspricht dies der Verarbeitung von lokalen Elementsteifigkeitsmatrizen (dies ist in der wirklichen Implementierung *nicht* der Fall). Im Glätter wird die Rechenphase ebenfalls elementorientiert modelliert, die Überführung der inkonsistenten Korrektur in die konsistente Form wird durch die Abhängigkeit der Knoten von den Elementen modelliert.

Entsprechend Abbildung 5.3 spalten wir das Kostenfunktional in $H^{\downarrow}_{AMG}$, H^{SM}_{AMG}, und $H^{\uparrow}_{AMG}$ auf. Die Reihenfolgefunktion r wird nicht in den Minimierungsprozess einbezogen, da sie durch die Implementierung festgelegt ist. In der jetzigen Implementierung ist r an der Stufe orientiert, d.h. es gilt für jeden Knoten bzw. für jedes Element o:

$$r(o) = \text{level}(o)$$

wobei level die Stufe bezeichnet, auf der sich das Objekt befindet. Praktisch bedeutet dies etwa in der Restriktion, daß ein Prozessor p erst in allen ihm zugewiesenen Elementen von Stufe $k+1$ nach k restringiert, dann werden die groben Daten, falls nötig, zu den Zielprozessoren versand. Bei der Prolongation ist der Vorgang umgekehrt: Erst werden die Werte auf Stufe k kommuniziert, dann werden alle Interpolationen von Stufe k nach $k+1$ durchgeführt. Damit ergeben sich die folgenden Ausdrücke:

$$H^{\downarrow}_{AMG}(p,k) = \tag{5.10}$$

$$\begin{cases} 0 & k = j \\ \displaystyle\max_{q\in\{p\}\cup\{s\in P|A_k^{p,s}+A_k^{s,p}>0\}} \left\{ H^{\downarrow}_{AMG}(q,k+1) + c_1|T_{k+1}^q| \right\} \\ \quad +c_2 \displaystyle\sum_{q\neq p} (A_k^{p,q} + A_k^{q,p})d(p,q) & 0 \leq k < j \end{cases}$$

$$H^{SM}_{AMG}(p) = \tag{5.11}$$

$$\max_{q\in\{p\}\cup\{s\in P|\sum_{i=1}^j B_i^{p,s}>0\}} \left\{ c_4 \sum_{i=1}^j |T_i^q| \right\} + c_5 \sum_{i=1}^j \sum_{q\neq p} B_i^{q,p}d(p,q)$$

$$H^{\uparrow}_{AMG}(p,k) = \tag{5.12}$$

$$
\begin{cases}
0 & k = 0 \\[2ex]
\displaystyle \max_{q \in \{p\} \cup \{s \in P \mid A_{k-1}^{p,s} + A_{k-1}^{s,p} > 0\}} H_{AMG}^{\uparrow}(q, k-1) \\[1ex]
\displaystyle \quad + c_2 \sum_{q \neq p} (A_{k-1}^{p,q} + A_{k-1}^{q,p}) d(p,q) + c_1 |T_k^p| & 0 < k \leq j
\end{cases}
$$

$H_{AMG}^{\downarrow}(p, k)$ ist der Zeitpunkt, zu dem Prozessor p den korrekten Defekt auf Stufe k besitzt, d.h. inklusive aller Kommunikationen. $H_{AMG}^{SM}(p)$ ist die Zeit, die Prozessor p zur Glättung benötigt, dabei ist zu beachten, daß erst alle Elemente aller Stufen bearbeitet werden, bevor die Kommunikation stattfindet. $H_{AMG}^{\uparrow}(p, k)$ ist der Zeitpunkt, zu dem Prozessor p korrekte Korrekturen auf Stufe k besitzt. Da Abwärts- und Aufwärtsteil des V-Zyklus genau symmetrisch sind, ist eine gute Lastverteilung für $H_{AMG}^{\downarrow}$ automatisch auch eine gute Lastverteilung für $H_{AMG}^{\uparrow}$. Das Kostenfunktional für den ganzen Zyklus lautet dann:

$$
H_{AMG} = \max_{p \in P} H_{AMG}^{\downarrow}(p, 0) + \max_{p \in P} H_{AMG}^{SM}(p) + \tag{5.13}
$$

$$
H_{EX}\left(\sum_{p \in P} |T_0^p|\right) + \max_{p \in P} H_{AMG}^{\uparrow}(p, j) \; .
$$

$$
\tag{5.14}
$$

H_{EX} ist dabei der Aufwand für die exakte Lösung der Stufe-0-Gleichungen. In dem Spezialfall $A_k^{p,q} = 0$ für alle p, q, k erhält man die einfache Beziehung

$$
H_{AMG}^{\downarrow}(p, k) = H_{AMG}^{\uparrow}(p, k) = c_1 \sum_{k=1}^{j} |T_k^p| \tag{5.15}
$$

5.2.4 Kostenfunktionale für multiplikatives Mehrgitterverfahren

Im Gegensatz zum additiven Verfahren finden hier Glättung und Restriktion (bzw. Prolongation) abwechselnd, nicht nacheinander statt (siehe Abb. 5.4). Entscheidend ist dabei, daß vor der Berechnung des neuen Defektes die Ergebnisse des vorangehenden Glättungsschrittes in konsistente Form überführt werden müssen, was eine zusätzliche Synchronisation erfordert.

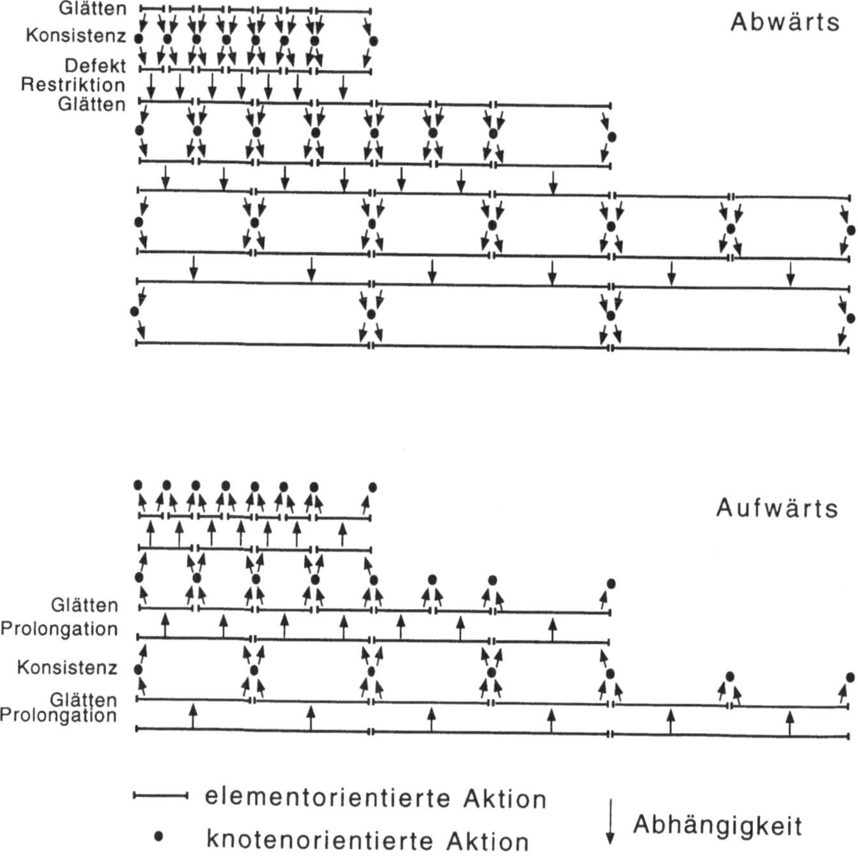

Abb. 5.4 TPG-Modelle für Auf- und Abwärtsschritt im multiplikativen Mehrgitterverfahren mit einem Punkt-Jacobi-Vor- und Nachglättungsschritt (einfachster Fall).

Die Modellierung als TPG-Modell wurde wieder durch elementorientierte Betrachtung vereinfacht, und die Reihenfolgefunktion r ist ebenfalls wieder stufenorientiert.

Für den Abwärtsteil des V-Zyklus ergeben sich dann die Beziehungen:

$$\tilde{H}^{\downarrow}(p,k) = \tag{5.16}$$

$$\max_{q\in\{p\}\cup\{s\in P|B_k^{p,s}>0\}}\left\{H_{MMG}^{\downarrow}(q,k)+c_1|T_k^q|\right\}+c_2\sum_{q\neq p}B_k^{q,p}d(p,q)\ ,$$

$$H_{MMG}^{\downarrow}(p,k) = \tag{5.17}$$

$$\begin{cases} 0 & k=j \\ \max_{q\in\{p\}\cup\{s\in P|A_k^{p,s}+A_k^{s,p}>0\}}\left\{\tilde{H}^{\downarrow}(q,k+1)+c_3|T_{k+1}^q|\right\} \\ \quad +c_4\sum_{q\neq p}(A_k^{p,q}+A_k^{q,p})d(p,q) & 0\le k<j \end{cases}\ .$$

Dabei ist $\tilde{H}^{\downarrow}(p,k)$ der Zeitpunkt, zu dem Prozessor p auf Stufe k konsistente Ergebnisse des vorangehenden Glättungsschrittes besitzt. Dabei findet eine Synchronisation mit allen Prozessoren statt, mit denen p gemeinsame Knoten hat ($B_k^{p,q}\neq 0$). $H_{MMG}^{\downarrow}(p,k)$ ist der Zeitpunkt, zu dem Prozessor p auf Stufe k den korrekten Defekt besitzt, d.h. nach Restriktion inklusive eventueller Kommunikation. Für den kompletten V-Zyklus gilt dann ($H_{MMG}^{\uparrow}(p,j)$ wird analog berechnet):

$$H_{MMG} = \max_{p\in P}H_{MMG}^{\downarrow}(p,0) \tag{5.18}$$

$$+H_{EX}(\sum_{p\in P}|T_0^p|)+\max_{p\in P}H_{MMG}^{\uparrow}(p,j)\ .$$

Durch die lokalen Synchronisationen im Glätter ist das Kostenfunktional für die multiplikative Methode noch wesentlich unübersichtlicher als im additiven Fall. Läßt man die Kosten für Kommunikation (c_2,c_4) einmal außer acht, so ist eine *hinreichende* Bedingung für minimales $H_{MMG}^{\downarrow}$ sicher eine Gleichverteilung der Elemente *jeder* Stufe auf *alle* Prozessoren. Es sei aber betont, daß dies nicht zwingend aus dem TIG-Modell folgt, auch im multiplikativen Verfahren könnten die Prozessoren gleichzeitig auf verschiedenen

Stufen arbeiten. Dann darf allerdings die Synchronisation der Prozessoren nicht mehr streng stufenweise erfolgen. Die Reihenfolgefunktion r sollte mit Hilfe der Funktion $\vartheta(v)$ aus Gl. (5.2) definiert werden. Hier steckt Potential für weitere Untersuchungen. Eine Gleichverteilung jeder Stufe erzwingt man im Kostenfunktional auch durch Modellierung einer globalen Synchronisation nach dem Glätter. Damit ergibt sich die wesentlich einfachere Formel

$$
H'_{MMG} = 2\sum_{k=1}^{j}\left(c_1 \max_{p\in P}|T_k^p| + c_2 \max_{p\in P}\left\{\sum_{q\neq p} B_k^{p,q}d(p,q)\right\}\right)
$$

$$
+ 2\sum_{k=0}^{j-1}\left(c_3 \max_{p\in P}|T_{k+1}^p| + c_4 \max_{p\in P}\left\{\sum_{q\neq p}(A_k^{p,q} + A_k^{q,p})d(p,q)\right\}\right)
$$

$$
+ H_{EX}(\sum_{p\in P}|T_0^p|) \tag{5.19}
$$

$$
= 2\sum_{k=1}^{j} H_{EG}(k) + 2\sum_{k=0}^{j-1} H_{TR}(k) + H_{EX}(\sum_{p\in P}|T_0^p|) \ . \tag{5.20}
$$

Bemerkung 5.3 Das wesentliche qualitative Ergebnis dieses Abschnittes steckt in den Formeln 5.15 und 5.20. Demnach sollte im additiven Mehrgitterverfahren möglichst jedes Element demselben Prozessor wie sein Vaterelement zugewiesen werden und jeder Prozessor sollte gleichviele Elemente, egal welcher Stufe, besitzen. Im multiplikativen Verfahren erreicht man geringe Wartezeiten in den Synchronisationen in jedem Fall durch gleichmäßige Verteilung jeder Stufe auf alle Prozessoren. Dies wird der wesentliche Ausgangspunkt für die Entwicklung von Heuristiken sein.

5.3   Lastverteilung für Eingitterverfahren

Bei vielen Heuristiken zur Lastverteilung für TIG-Modelle löst man näherungsweise das sog. *Graphenabbildungsproblem* (GAP als Abkürzung). Ohne Knoten- bzw. Kantengewichte lautet es:

Definition 5.5 Graphenabbildungsproblem. Gegeben seien zwei ungerichtete Graphen $G_1 = (V_1, E_1)$ und $G_2 = (V_2, E_2)$. Weiter bezeichne $d_2(v, v')$ den Abstand im Graphen V_2 (d.h. die minimale Zahl von Kanten zwischen v und v'). Gesucht ist dann eine Abbildung $m : V_1 \to V_2$, so daß

$$s(m) = \sum_{(v,v') \in E_1} d_2(m(v), m(v')) \to \min \ . \tag{5.21}$$

unter der Nebenbedingung, daß für alle $V_2^i = \{v \in V_1 | m(v) = i\}$ gilt:

$$\left\lfloor \frac{|V_1|}{|V_2|} \right\rfloor \leq |V_2^i| \leq \left\lceil \frac{|V_1|}{|V_2|} \right\rceil \quad \forall i \in V_2 \ . \tag{5.22}$$

In der Anwendung entspricht G_1 dem Finite-Element-Gitter (oder seinem Dualgraphen) und G_2 entspricht dem Multiprozessor und seinem Verbindungsnetzwerk. Durch Bedingung (5.22) wird die Lastgleichheit (bezogen auf die Knotenzahl) zur Nebenbedingung gemacht und in (5.21) wird nur noch die Kommunikation minimiert. Diese Annahme ist gerechtfertigt, solange die Rechenzeit deutlich größer als die Kommunikationszeit ist. Im Gegensatz zu (5.9) werden jedoch alle Kommunikationen aufsummiert.

Einige Spezialfälle des GAP werden noch besonders bezeichnet. Ist $d_2(i, j) = 1 - \delta_{i,j}$ so spricht man vom *Graphpartitionierungsproblem* (graph partitioning problem). Im Falle von $|V_1| = |V_2|$ spricht [25] einfach vom *Abbildungsproblem* (mapping problem). Oft zerlegt man das GAP in zwei Teile, erst löst man ein Partitionierungsproblem und anschließend ein Abbildungsproblem, das die Partitionen auf V_2 abbildet.

Den Fall $|V_2| = 2$ bezeichnet man als *Graphbisektionsproblem* (GBP, graph bisection problem). Das Partitionierungsproblem kann näherungsweise durch rekursives Lösen von Bisektionsproblem angegangen werden. Nach k Schritten entstehen dadurch 2^k Partitionen.

Das Graphabbildungsproblem zählt zu den „schweren" Problemen der Informatik, wie folgende Bemerkung zeigt:

Bemerkung 5.4 Das GAP ist NP-vollständig. Ein Beweis der NP-Vollständigkeit ist in [44] zu finden.

Damit steht die Entwicklung leistungsfähiger Heuristiken im Vordergrund. Wir beschreiben hier das Verfahren der rekursiven Bisektion ausführlicher, da dieses auch im Rahmen der Lastverteilung für Mehrgitterverfahren Verwendung finden wird. Wir geben zunächst einen allgemeinen Rahmen für rekursive Bisektionsverfahren. Spezielle Verfahren unterscheiden sich in diesem Rahmen durch die Konstruktion einer totalen Ordnung auf der Menge der Knoten. Bisektionsverfahren erzeugen nur eine Partitionierung, aber keine Zuordnung der Partitionen zu den einzelnen Prozessoren. Der folgende Algorithmus erzeugt eine Standardzuordnung zu den Prozessoren eines $n \times m$ Prozessorfeldes, die speziell auf die Koordinatenbisektion mit alternierenden Richtungen abgestimmt ist. Diese Zuordnung könnte danach noch mit einem weiteren Verfahren optimiert werden. Die Abmessungen des Prozessorfeldes müssen keine Potenzen von zwei sein.

Algorithmus 5.1 Rekursive Bisektion. Der folgende Rahmenalgorithmus bildet einen ungerichteten Graphen $G = (V, E)$ auf ein zweidimensionales Feld von Prozessoren der Dimension $n \times m$ ab. Die Prozedur order stellt eine totale Ordnung der Knoten zur Verfügung. Der erste Aufruf des Algorithmus erfolgt mit bisect $(V, E, 0, 0, n, m)$.

```
bisect (V, E, x, y, n, m)
{
    if ((n = 1) ∧ (m = 1)) {
        map G onto processor (x, y);
        return;
    }
    if (n ≥ m) {
        x₀ = x; y₀ = y; n₀ = ⌊n/2⌋; m₀ = m;
        x₁ = x + n₀; y₁ = y; n₁ = n - n₀; m₁ = m;
    } else {
        x₀ = x; y₀ = y; n₀ = n; m₀ = ⌊m/2⌋;
        x₁ = x; y₁ = y + m₀; n₁ = n; m₁ = m - m₀;
    }
    N = |V|; N₀ = ⌊Nn₀m₀/nm⌋; N₁ = N - N₀;
    order(G, a); /* a : [0, N - 1] → V*/
    V₀ = ∪ᵢ₌₀^{N₀-1} {a[i]}; E₀ = E ∩ (V₀ × V₀);
    V₁ = ∪ᵢ₌N₀^{N-1} {a[i]}; E₁ = E ∩ (V₁ × V₁);
    bisect(V₀, E₀, x₀, y₀, n₀, m₀);
    bisect(V₁, E₁, x₁, y₁, n₁, m₁);
```

```
}
```

Wir beschreiben nun eine der vielen möglichen Ordnungsstrategien, weitere befinden sich im Anhang.

Koordinatenbisektion (RCB)

RCB nutzt die Einbettung des Finite-Element-Gitters in den $\mathbf{R}^2$ bzw. $\mathbf{R}^3$ und sortiert die Knoten des Gitters (bei Elementen den Schwerpunkt) entweder nach der x, y oder z-Koordinate. Sortiert man abwechselnd nach verschiedenen Koordinatenrichtungen, so spricht man von *orthogonaler* Koordinatenbisektion oder kurz ORCB. Typischerweise liefert RCB schlechtere Aufteilungen im Sinne des Verhältnisses von Oberfläche zu Volumen als die im Anhang beschriebenen Verfahren, dafür braucht es aber am wenigsten Rechenzeit. Mit $N = |V|$ ist die Komplexität im Mittel $O(N \log N)$ bei Verwendung geeigneter Sortieralgorithmen.

Ein Nachteil der Koordinatenbisektion ist deren Abhängigkeit von der Wahl des Koordinatensystems, insbesondere ist die Aufteilung nicht invariant gegenüber einer Rotation des Gitters. Dies kann man beheben, indem man das Finite-Element-Gitter als System von Massenpunkten betrachtet (jeweils mit der Masse 1) und dann die Hauptträgheitsachsen dieses Systems bestimmt. Das Sortierkriterium für order ist dann die Projektion auf die Achse mit dem kleinsten Massenträgheitsmoment. Diese Methode (*inertial bisection*) ist in [80] beschrieben und wird in [56] mit anderen Methoden verglichen.

Die folgenden Betrachtungen sollen eine Motivation für die Verwendung simpler Lastverteilungsstrategien liefern.

Im Rahmen einer dynamischen Lastverteilung sind wir vor allem an einer guten Gesamteffizienz interessiert. Es ist deshalb abzuwägen, ob die längere Rechenzeit eines aufwendigeren Verteilungsverfahrens später in der Rechenphase durch kürzere Iterationszeiten wieder wett gemacht werden kann. Dazu betrachten wir zwei hypothetische Lastverteilungsverfahren A und B. Verfahren A benötigt die Zeit T_A^{BAL} um die Aufteilung zu berechnen und Verfahren B entsprechend T_B^{BAL}. Wir nehmen an, daß Verfahren A eine bessere Aufteilung als B liefert, aber dafür aufwendiger ist. Damit gilt

$$T_A^{BAL} = \mu T_B^{BAL}, \ \mu > 1 \ . \tag{5.23}$$

Wir machen die idealisierte Annahme, daß die Effizienz in der Rechenphase durch einen optimal parallelisierten Teil (für A und B gleich) und einen Kommunikationsteil bestimmt wird:

$$E_i(P) = \frac{T(1)}{|P|T_i^{SOL}}, \quad T_i^{SOL}(|P|) = \frac{T(1)}{|P|} + X_i, \quad i = A, B \;. \qquad (5.24)$$

Dabei bezeichnen X_A, X_B die Zeiten, die für die Kommunikation benötigt werden, und $T(1)$ ist die Dauer der Rechenphase auf einem Prozessor. Die Tatsache, daß A bessere Aufteilungen als B liefert, wird durch

$$X_A = \eta X_B, \quad 0 < \eta < 1 \qquad (5.25)$$

ausgedrückt. Für eine Beurteilung der Gesamteffizienz benötigen wir noch einen Ausdruck für die relativen Kosten von Lastverteilung und Rechenphase für eines der beiden Verfahren:

$$T_B^{SOL} = \kappa T_B^{BAL} \;. \qquad (5.26)$$

Bemerkung 5.5 Mit den oben vereinbarten Größen gelten folgende Aussagen:

(a) $E_A = \frac{1}{1-(1-\eta)(1-E_B)} E_B.$

(b) $T_A^{BAL} + T_A^{SOL} \leq T_B^{BAL} + T_B^{SOL} \Leftrightarrow \mu - \kappa(1-\eta)(1-E_B) \leq 1.$

Beweis: durch Einsetzen und Ausrechnen. $\qquad\qquad\qquad\qquad\qquad\qquad\square$

Die Konsequenzen der Bemerkung seien an Zahlenbeispielen verdeutlicht. Angenommen das (schlechtere) Verfahren B habe bereits eine Effizienz von 50% (eine sehr realistische Annahme, wie das Ergebniskapitel zeigt) und es sei $\eta = 0.5$, ein gängiger Wert aus der Literatur für den Vergleich von RCB und RSB (ein aufwendigeres Verfahren aus dem Anhang). Die Aussage (a) der Bemerkung besagt dann, daß die Effizienz für das Verfahren A gerade 66% beträgt. Nehmen wir zusätzlich an, daß RSB 10-mal teurer als RCB ist ($\mu = 10$), so erhalten wir aus Aussage (b), daß $\kappa \geq 36$ sein muß, damit Verfahren A insgesamt effizienter ist. Für unsere Anwendungen war $\kappa = 4\ldots5$ und somit hätte sich der Einsatz aufwendigerer Lastverteilungsverfahren nicht gelohnt.

5.4 Lastverteilung für adaptive Mehrgitterverfahren

5.4.1 Clustering

Der wesentliche Grundbaustein für die in diesem Kapitel konstruierten Lastverteilungsverfahren ist ein geeignetes Zusammenfassen von Elementen zu Gruppen (Cluster). Ein Cluster c ist eine Teilmenge aller Elemente $c \subseteq \mathcal{T}$. Eine Clustermenge $C = \{c_1, \ldots, c_{n_c}\}$ ist eine Partitionierung von $\mathcal{T}$:

$$\bigcup_{c \in C} c = \mathcal{T}, \quad c_i \cap c_j = \emptyset \ \forall i \neq j \ . \tag{5.27}$$

Die Schreibweise $c(t) = c \Leftrightarrow t \in c$ ordnet jedem Element t sein Cluster zu. Der Aufgabe der Lastverteilung ist es, eine Abbildung $m : C \rightarrow P$ zu bestimmen und die Zuordnung der individuellen Elemente t zu den Prozessoren mittels $m(t) = m(c(t))$ festzulegen. Dies hat eine Reihe von Vorteilen:

- Die Dimension des Lastverteilungsproblems wird entscheidend reduziert. Der Clustering-Prozess selbst läßt sich sehr gut parallel durchführen.

- Die Speicheranforderungen des Lastverteilungsverfahrens werden reduziert. Dies ist eine Voraussetzung, um eine zentrale Lastverteilungsstrategie auf einem Prozessor verwenden zu können (ein Prozessor hätte nicht genug Speicher, um Information über jedes individuelle Element zu halten).

- Die Cluster werden über die Elementhierarchie gebildet und enthalten Elemente mehrerer Stufen. Dadurch wird sich automatisch ein Kompromiß zwischen der Kommunikation innerhalb einer Gitterebene und der zwischen den Gitterebenen ergeben.

Die durch das Clustering entstehenden Fehler in der Lastverteilung sind gering, solange die Cluster nicht zu groß gewählt werden. Legen wir ein Bisektionsverfahren zugrunde, so kann der Fehler in einem Bisektionsschritt höchstens $c_{max}/2$ betragen, wenn c_{max} die größte Zahl von Elementen in einem Cluster ist. Damit erhalten wir für den Fehler nach i Bisektionsschritten die Beziehung:

$$e_i = \frac{e_{i-1} + c_{max}}{2} \ , \tag{5.28}$$

was sich abschätzen läßt zu

$$e_i \leq c_{max} \ .$$
(5.29)

Seien N individuelle Elemente auf $|P|$ Prozessoren zu verteilen. Sei weiter N_p die Zahl von Elementen, die Prozessor p zugewiesen werden, so ist es sinnvoll einen maximalen relativen Fehler in der Lastverteilung zu fordern:

$$N_p \leq (1 + \epsilon)\frac{N}{|P|} \ .$$
(5.30)

Dies bedeutet, daß ein Prozessor höchstens um den Faktor $1 + \epsilon$ länger rechnet als optimal wäre (wir nehmen an, die Zahl der auszuführenden Operationen ist proportional zu N_p). Damit erhalten wir eine Bedingung für die maximale Clustergröße:

$$c_{max} \leq \epsilon\frac{N}{|P|} \ .$$
(5.31)

Das Clustering hat natürlich auch Auswirkungen auf die Länge der Prozessorgrenzen, die allerdings schwer abzuschätzen sind. Bevor wir die Konstruktion der Cluster erläutern, benötigen wir noch weitere Notationen zur Beschreibung der Cluster.

Mit T_k^c wollen wir die Elemente der Stufe k bezeichnen, die in Cluster c enthalten sind:

$$T_k^c = \{t \in T_k | c(t) = c\} \ .$$
(5.32)

Damit definieren wir dann

$$\begin{aligned}
\mathrm{bottom}(c) &= \min_{T_k^c \neq \emptyset} k \ , \\
\mathrm{top}(c) &= \max_{T_k^c \neq \emptyset} k \ , \\
w_k(c) &= |T_k^c| \ , \\
w(c) &= \sum_{k=0}^{j} w_k(c) \ .
\end{aligned}$$

Für ein individuelles Element $t \in T_k$ führen wir auch noch einige Abkürzungen ein. Für $k < j$ sei $s(t) \subseteq T_{k+1}$ die Menge der Elemente, die aus der Verfeinerung von t entstehen und für $k > 1$ sei $f(t) \in T_{k-1}$ das Vaterelement, aus dem t durch Verfeinerung entstanden ist. $S(t) \subseteq \mathcal{T}$, ist der Baum aller Nachfolger einschließlich t:

$$S(t) = t \cup \{S(t')|t' \in s(t)\} \tag{5.33}$$

und $z(t) = |S(t)|$ ist die Anzahl der Elemente darin. Weiter sei für jedes $t \in \mathcal{T}$ genau eines der Attribute $regular(t), irregular(t)$ oder $copy(t)$ wahr, je nachdem ob es sich um ein reguläres, irreguläres oder kopiertes Element handelt. Die verwendeten Cluster sind Ausschnitte aus den Elementbäumen im folgenden Sinne:

(i) Für $i = bottom(c)$ gelte $w_i(c) = 1$, d.h. es gibt genau ein $t \in T_i$, so daß $T_i^c = \{t\}$. Dieses t heißt dann *Wurzelelement* von c, oder $t = root(c)$.

(ii) Mit i aus (i) gilt: $\forall k > i : t \in T_k^c \Rightarrow f(t) \in T_{k-1}^c$. Dies bedeutet, daß die Elemente in einem Cluster einen Baum bilden.

Damit können wir den Algorithmus zur Bildung der Cluster angeben:

Algorithmus 5.2 Clustering. Das Clustering-Verfahren wird von drei Parametern b, d und Z kontrolliert. b bestimmt die Stufe, auf der das Verfahren starten soll. Wenn das gröbste Gitter sehr wenig Elemente hat, wird man solange uniform verfeinern, bis $|T_b| \approx Const \cdot |P|$ gilt, wobei $Const$ abhängig von der Hardware gewählt wird. Alle Elemente unterhalb von Stufe b werden dann nur einmal verteilt und später nicht mehr bewegt. Die Zahl d bestimmt die maximale Tiefe eines Clusters, d.h. $top(c) - bottom(c) \leq d$ und Z ist andererseits die minimale Größe eines Clusters, dabei hat die minimale Clustergröße aber Priorität vor der maximalen Tiefe.

$$\text{allow\_root}(t) = \text{true} \Leftrightarrow$$
$$regular(t) \wedge s(t) \neq \emptyset \wedge (\forall s \in s(t) : regular(s) \vee irregular(s))$$

```
      cluster (C, 𝒯, j, b, d, Z) {
(1)       C = ∅;
(2)       for (k = b, ..., j)
```

```
(3)              for (t ∈ T_k) {
(4)                  if ((z(t) ≥ Z) ∧ ((k − b)mod(d + 1) = 0)∧
                     allow_root(t) ) ∨ (k = b) {
(5)                      create new c; C = C ∪ {c};
(6)                          bottom(c) = top(c) = k; root(c) = t;
(7)                          ∀i : w_i(c) = 0; w(c) = 0;
(8)                      } else c = c(f(t));
(9)                      c(t) = c; top(c) = max(top(c), k);
(10)                     w_k(c) = w_k(c) + 1; w(c) = w(c) + 1;
                     }
                 }
```

Der Algorithmus läuft durch alle Elemente des Gitters (Zeilen (2),(3)) und entscheidet, ob das Element die Wurzel eines neuen Clusters wird (Zeilen (5)-(7)) oder ob es in das Cluster seines Vaterelementes aufgenommen (Zeile (8)). Ein neues Cluster wird nur begonnen, wenn sich das Element auf einer Stufe k mit $(k - b)\mathrm{mod}(d + 1) = 0$ befindet. Zusätzlich muß das neue Wurzelelement genügend Nachkommen haben (Parameter Z) und von seinem Vaterelement getrennt werden dürfen (wegen Definition 4.2). Falls bei allen Lastverteilungsschritten die Parameter b, d und Z nicht verändert werden, läßt sich der Algorithmus `cluster` vollkommen parallel und ohne Kommunikation durchführen.

Der zweite vorzustellende Algorithmus `split` ist in der Lage, einmal gebildete Cluster zu verkleinern. Die Idee dazu ist, die Nachfolger des Wurzelementes (i. allg. vier Elemente in 2D) jeweils zu Wurzelelmenten von neuen Clusterstrukturen zu machen. Das übriggebliebene alte Wurzelelment wird einem der neuen Cluster zugeordnet.

Algorithmus 5.3 Zerlegen. Das Resultat des Algorithmus `split` sind zwei Clustermengen L' und C'. Dabei bezeichnet L' diejenigen Cluster, die nicht mehr weiter zerlegt werden können, C' sind Cluster, die noch weiter zerlegt werden können. Der Zerlegungsprozess selbst wird wieder von einer Mindestgröße Z und der Definition 4.2 gesteuert.

```
         split(C, C', L', Z) {
(1)          C' = L' = ∅;
(2)          for each (c ∈ C) {
```

```
(3)           r = root(c); i = 0;
(4)           for (s ∈ s(r)) {
(5)               if (|S(s) ∩ c| ≥ Z ∧  allow_root(s)) {
(6)                   i = i + 1;
(7)                   create new c_i; C' = C' ∪ c_i;
(8)                   c_i = S(s) ∩ c; c = c \ c_i;
(9)                   root(c_i) = s;
                  }
              }
(10)          if (|c| = 1 ∧ i > 0) {
(11)              c_1 = c_1 ∪ c; Delete c;
(12)          } else C' = C' ∪ c;
          }
(13)      for each (c ∈ C') {
(14)          r = root(c); i = 0;
(15)          for (s ∈ s(r))
(16)              if (|S(s) ∩ c| < Z ∨  ¬allow_root(s)) i = i + 1;
(17)          if (i = |s(r)|) { C' = C' \ c; L' = L' ∪ c;}
          }
      }
```

In der ersten Schleife (Zeilen (2) bis (12)) werden alle Söhne von Wurzelelementen zu Wurzeln von neuen Clustern, die eine gewisse Zahl von Nachfolgern haben und Wurzel sein dürfen nach Definition 4.2. In den Zeilen (10) bis (12) wird das alte Wurzelelement r einem der neuen Cluster zugewiesen, falls es alleine stehen bleiben würde. Die zweite Schleife ((13)-(17)) untersucht alle Cluster, ob sie noch weiter teilbar sind, falls nicht, werden sie in die Menge L' aufgenommen. Wegen Zeile (16) ist dies der Fall, wenn keiner der Söhne des Wurzelelementes ein eigenes Cluster bilden kann.

5.4.2 Lastverteilung für multiplikatives Mehrgitterverfahren

Die Lastverteilung für das multiplikative Mehrgitterverfahren hat das Ziel, jede Gitterebene möglichst gleichmäßig auf alle Prozessoren zu verteilen. Erster Schritt dazu ist ein Clustering mit Algorithmus **cluster**. Der folgende Algorithmus berechnet dann eine Abbildung der Cluster auf die Prozessoren:

Algorithmus 5.4 Lastverteilung für multiplikatives Mehrgitter.
Die aktuelle (nicht balancierte) Abbildung der Elemente auf Prozessoren
sei mit m bezeichnet. Aufgabe des Algorithmus ist die Berechnung einer
neuen Abbildung $m' : \mathcal{T} \to P$. Der Parameter M ist die Mindestzahl
von Elementen pro Prozessor und steuert die Abbildung der groben Gitter
(*coarse grid agglomeration strategy*).

```
        lbmul (C, P, b, j, M) {
(1)         for (p ∈ P, k = b, ..., j) load_{k,p} = 0;
(2)         for (k = j, j - 1, ..., b) {
(3)             C_k = {c ∈ C | top(c) = k};
(4)             if (C_k = ∅) continue;
(5)             l_k = ∑_{p∈P} load_{k,p} + ∑_{c∈C} w_k(c);
(6)             Determine P' ⊆ P with |P'| ≤ max(1, l_k/M);
(7)             partition(k, C_k, P', load);
(8)             for (c ∈ C_k)
(9)                 for (i=bottom(c), ..., top(c))
                        load_{i,m(c)} = load_{i,m(c)} + w_i(c);
            }
        }
```

Prozedur `lbmul` arbeitet die Stufen *von oben nach unten* ab (Zeile (2)). C_k
in Zeile (3) ist die Teilmenge der Cluster, die auf Stufe k enden (top$(c) = k$).
Nun wird die gesamte Last *auf der Stufe k* berechnet. Diese ergibt sich aus
den Stufe-k-Elementen in C_k und den Elementen der Stufe k, die bereits
zugewiesen wurden (Zeile (5)). Aus der Gesamtlast ergibt sich nun die Zahl
der einsetzbaren Prozessoren (Zeile (6)). Die eigentliche Zuordnung der Cluster in Zeile (7) wird von den Algorithmen `partition_1` oder `partition_2`
durchgeführt, die weiter unten beschrieben werden. Wichtig ist, daß die
Partitionierungsverfahren eine Vorbelegung der Prozessoren berücksichtigen müssen, die in dem Feld $load_{k,p}$ gespeichert ist. Nach der Zuordnung
der Cluster in C_k ergeben sich neue Werte für das $load$-Feld. Da die Cluster
in C_k i. allg. auch Elemente auf Stufen kleiner k enthalten, ergibt sich hier
die schon erwähnte Vorbelegung.

```
        partition_1 (k, C, P, load) {
(1)         if (P = {p}) {∀c ∈ C, ∀t ∈ c : set m'(t) = p; return;}
```

$$(2) \qquad \text{Divide } P \text{ into } P_0, P_1;$$

$$(3) \qquad \text{for } (i = 0, 1) \ l_i = \sum_{p \in P_i} load_{k,p};$$

$$(4) \qquad W = l_0 + l_1 + \sum_{c \in C} w_k(c);$$

$$(5) \qquad \text{Find order for } C\text{: } a : \{1, \dots, |C|\} \to C;$$

$$(6) \qquad \text{Determine } i \in \{0, \dots, |C|\} \text{ such that}$$

$$(7) \qquad \left| \frac{|P_0|}{|P_0|+|P_1|} W - \left(l_0 + \sum_{n=1}^{i} w_k(a(n)) \right) \right| \to \min;$$

$$(8) \qquad C_0 = \bigcup_{n=1}^{i} \{a(n)\}; \quad C_1 = \bigcup_{n=i+1}^{|C|} \{a(n)\};$$

$$(9) \qquad \text{partition\_1}(k, C_0, P_0, load);$$

$$(10) \qquad \text{partition\_1}(k, C_1, P_1, load);$$

$$\qquad \}$$

Der Algorithmus **partition_1** ist eine Modifikation des Bisektionsverfahrens, bei dem die Vorbelegung der Prozessoren (Zeile (3)) in die Bisektionsgrenze mit eingearbeitet wird (Zeile (7)). Als Ordnungskriterium in Zeile (5) verwenden wir ausschließlich Koordinatenbisektion in alternierenden Richtungen, es können hier aber beliebige Bisektionsverfahren aus Abschnitt 1.3.1 zur Anwendung kommen. Die Kombination von lbmul mit partition_1 bezeichnen wir mit LB1.

$$\text{partition\_2 } (k, C, P, load) \ \{$$

$$(1) \qquad \text{Initialize } \forall c \in C, \forall t \in c : m'(t) = m(t);$$

$$(2) \qquad \text{for } (p \in P) \ l_p = load_{k,p} + \sum_{c \in C, m(\mathrm{root}(c))=p} w_k(c);$$

$$(3) \qquad \text{Sort } a : \{1, \dots, |P|\} \text{ by increasing } l_p, \text{ i.e. } l_{a(1)} \leq \dots \leq l_{a(|P|)}$$

$$(4) \qquad W = \sum_{p \in P} l_p; \ \bar{W} = \lceil \tfrac{W}{|P|} \rceil;$$

$$(5) \qquad k = \min_{x \in \{1, \dots, |P|\}} (l_{a(x)} \geq \bar{W});$$

$$(6) \qquad j = |P|; \ q = a(j); \ m = l_q;$$

$$(7) \qquad \text{for } (i = 1, \dots, k - 1) \ \{$$

$$(8) \qquad \quad p = a(i); \ n = l_p; \ C_p = \{c \in C | m(\mathrm{root}(c)) = p\};$$

$$(9) \qquad \quad \text{find order } b : \{1, \dots, |C_p|\} \to C_p;$$

$$(10) \qquad \quad \text{for } (x = 1, \dots, |C_p|) \ \{$$

$$(11) \qquad \qquad c = b(x); \ \text{if } (n - w_k(c) \leq \bar{W}) \text{ break};$$

$$(12) \qquad \qquad \text{while } (m + w_k(c) > \bar{W}) \ \{$$

$$(13) \qquad \qquad \quad j = j - 1; \ \text{if } (j < k) \text{ return};$$

$$(14) \qquad \qquad \quad q = a(j); \ m = l_q;$$

$$
\begin{array}{ll}
& \}\\
(15) & \forall t \in C : m'(t) = q;\\
(16) & n = n - w_k(c);\ m = m + w_k(c);\\
& \quad \}\\
& \}\\
& \}
\end{array}
$$

Die Prozedur `partition_2` kann alternativ zu `partition_1` eingesetzt werden und liefert ein Verfahren, das sich durch eine minimale Umverteilung von Elementen in der Lasttransferphase auszeichnet. Dazu wird die (unbalancierte) Last jedes Prozessors berechnet (Zeile (2)) und dann werden die Prozessoren nach ihrer Last sortiert (Zeile (3)). Nach Berechnung des Lastgleichgewichtes in Zeile (4) können die Prozessoren in Quellen und Senken aufgeteilt werden, je nachdem ob ihre Last über oder unter dem Mittelwert liegt (Die Prozessoren $a(1),\ldots,a(k-1)$ liegen unter dem Mittelwert). Beginnend mit dem Prozessor mit der größten Last (Zeile (6)) wird nun die Last mit den Prozessoren mit zu kleiner Last ausgeglichen. In den Zeilen (8)-(16) gibt Prozessor $a(j)$ Cluster an Prozessor $a(i)$ ab. Welche Cluster ein Prozessor abgibt wird durch die Sortierung in Zeile (9) entschieden. Hier arbeiten wir wieder mit einer einfachen Sortierung in x-Koordinatenrichtung. Im Prinzip sind aber wieder aufwendigere Kriterien denkbar. Das resultierende Gesamtverfahren aus lbmul und partition_2 wird mit LB2 abgekürzt.

5.4.3 Lastverteilung für additives Mehrgitterverfahren

Im Falle des additiven Mehrgitterverfahrens entfällt die Synchronisation nach dem Glättungsschritt und es kommt nur darauf an, daß die Zahl der Elemente in jedem Prozessor gleich ist, egal welcher Stufe sie angehören. Wir beginnen deshalb mit einem Clustering der *maximalen* Tiefe $d = j$, d.h. ein Cluster enthält ein Stufe b Element als Wurzel und *alle* seine Nachfolger (dies erreicht man durch den Aufruf cluster$(C, \mathcal{T}, j, b, j, Z)$). Im Idealfall ist dann keine Kommunikation oberhalb von Stufe b in der Restriktion und Prolongation notwendig. Allerdings ist nicht sichergestellt, daß bei fortgesetzter lokaler Verfeinerung für alle Cluster c die Bedingung

$$
w(c) \le \frac{|\mathcal{T}|}{|P|} \tag{5.34}
$$

erfüllt bleibt, die natürlich unabdingbare Voraussetzung für eine Gleichverteilung ist. Die Idee ist nun, den Algorithmus `split` einzusetzen, wenn die Aufteilung nicht mit genügender Qualität durchführbar ist. Es ist wichtig, daß das Clustering nur nach Bedarf verfeinert wird. Solange mit großen Clustern eine gute Lastgleichheit erzielt wird, bleiben die Cluster unverändert. Formal leistet dies der folgende Algorithmus.

Algorithmus 5.5 Lastverteilung für additives Mehrgitterverfahren. Es sei ein Clustering C mit maximaler Tiefe gegeben (siehe oben). Die Menge L der unteilbaren Cluster ist zu Beginn leer. P ist wie immer die Menge der Prozessoren, b die Stufe unterhalb derer keine Elemente bewegt werden sollen und Z ist der Parameter, der die Mindestgröße der Cluster steuert. Der Faktor tol ist die maximal tolerierte relative Lastungleichheit im Sinne von 5.30. Der Parameter k zählt, wie oft der `split` Algorithmus bereits aufgerufen wurde.

LB3 (C, L, P, b, Z, tol, k) {

(1)   if $(P = \{p\})$ $\{\forall c \in C : m(c) = p;\ \forall l \in L : m(l) = p;$ return; $\}$

(2)   Divide P into P_0, P_1;

         while (true) {

(3) $W_C = \sum\limits_{c \in C} w(c);\ W_L = \sum\limits_{l \in L} w(c);$

(4) $W_{opt} = \dfrac{|P_0|}{|P_0| + |P_1|}(W_C + W_L);$

(5)   if $(W_C < W_{opt})$ {

(6) $C_0 = C;\ C_1 = \emptyset;$

(7)   Find order for L: $a_L : \{1, \dots, |L|\} \to L;$

(8)   Determine $i \in \{0, \dots, |L|\}$ such that

(9) $\left| W_{opt} - \left(W_C + \sum\limits_{n=1}^{i} w(a_L(n)) \right) \right| \to \min;$

(10) $L_0 = \bigcup\limits_{n=1}^{i} \{a_L(n)\};\ L_1 = \bigcup\limits_{n=i+1}^{|L|} \{a_L(n)\};$

         } else {

(11) $L_0 = \emptyset;\ L_1 = L;$

(12)   Find order for C: $a_C : \{1, \dots, |C|\} \to C;$

(13)   Determine $i \in \{0, \dots, |C|\}$ such that

(14) $\left| W_{opt} - \sum\limits_{n=1}^{i} w(a_C(n)) \right| \to \min;$

(15) $C_0 = \bigcup\limits_{n=1}^{i} \{a_C(n)\};\ C_1 = \bigcup\limits_{n=i+1}^{|C|} \{a_C(n)\};$

$$
\begin{aligned}
&\qquad\qquad\quad \}\\
(16)&\qquad\quad \text{for } (i = 0,1)\ W_i = \sum_{c \in C_i} w(c) + \sum_{l \in L_i} w(l);\\
(17)&\qquad\quad \text{if } (\max(W_0, W_1) \le (1 + tol)W_{opt}) \vee (C = \emptyset)\ \text{break};\\
(18)&\qquad\quad \text{split}(C, C', L', Z);\\
(19)&\qquad\qquad C = C';\ L = L \cup L';\ k = k + 1;\\
&\qquad\qquad\quad \}\\
(20)&\qquad\quad \text{LB3}(C_0, L_0, P_0, b, Z, tol \cdot \sigma, k);\\
(21)&\qquad\quad \text{LB3}(C_1, L_1, P_1, b, Z, tol \cdot \sigma, k);\\
&\qquad\quad \}
\end{aligned}
$$

Prozedur **LB3** ist wieder ein Bisektionsverfahren, das hier jedoch auf die ganze Mehrgitterstruktur auf einmal angewendet wird. Ist ein Prozessor erreicht, so bricht die Rekursion ab (Zeile (1)). Ansonsten wird die Konfiguration halbiert (Zeile (2)) und versucht die Clustermengen entsprechend in zwei Teile zu zerlegen. Wie im Algorithmus **split** unterscheiden wir die Menge der teilbaren Cluster C und die Menge der nicht weiter teilbaren Cluster L. Entsprechend zählt Zeile (3) die insgesamt zu verteilende Last, und Zeile (4) bestimmt das Lastgleichgewicht. Die Bisektion der Clustermengen wird so durchgeführt, daß entweder die Menge L geteilt wird (Zeilen (6)-(10)) *oder* die Menge C geteilt wird (Zeilen (11)-(15)), aber nie beide. Als Ordnungskriterium wird in den Zeilen (7) bzw. (12) wieder ausschließlich Sortierung in alternierenden Koordinatenrichtungen verwendet. Abhängig von der Größe der Cluster wird sich nun eine gewisse Lastungleichheit einstellen. Liegt diese unter einer vorgegebenen Schranke $(1 + tol)$, so wird die Verteilung akzeptiert (Zeile (17)) und die while-Schleife verlassen. Ansonsten werden die Cluster mit dem Algorithmus **split** verkleinert und eine neue Aufteilung berechnet, solange bis die gewünschte Genauigkeit erreicht ist, oder die Cluster nicht mehr weiter verkleinert werden können. Der Parameter tol wird in den rekursiven Aufrufen ((20),(21)) mit dem Faktor σ multipliziert, damit man mit relativ großen Fehlern beginnen kann (z.B. $tol = 0.15$), aber der Fehler nach n Teilungsschritten nicht unakzeptabel groß wird. Ein typischer Wert für σ ist $\sigma = 0.5$. Für $\sigma = 1$ würde nach n Teilungsschritten die maximale Abweichung vom Lastgleichgewicht $(1 + tol)^n \approx n \cdot tol$ betragen.

5.4.4 Analyse des Verfahrens für additives Mehrgitter

Wir wollen in diesem Abschnitt kurz auf theoretische Aussagen zu den Lastverteilungsheuristiken eingehen. Für das Graphabbildungsproblem wäre die Frage zu stellen: Gegeben ein beliebiger Graph, was ist die minimale bzw. maximale Zahl der Kanten zwischen zwei Partitionen (*Kantenseparator*) , die ein bestimmtes Verteilungsverfahren erzeugt. Eine untere Schranke für die Spektralbisektion findet man in [56]. Eine (prinzipiell interessantere) obere Schranke für ein modifiziertes Koordinatenbisektionsverfahren gibt Vavasis in [97]. Das Resultat dort besagt:

Gegeben sei ein Gittergraph mit N Knoten in 3 Raumdimensionen (d.h. die Koordinaten der Knoten haben die Form (i, j, k), $i, j, k \in \mathbf{Z}$ und eine Kante hat immer Länge 1), der auf $|P|$ Prozessoren aufgeteilt werden soll. Die maximale Zahl der Knoten, die Kanten zu mehr als einer Partition haben (hier also ein *Knotenseparator*) beträgt dann

$$Sep \leq 67.4 N^{2/3}(|P|^{1/3} - 1) \ . \tag{5.35}$$

Betrachtet man einen Würfel mit N Gitterpunkten, so erhält man bei einer Aufteilung auf 64 $(= 4^3)$ Prozessoren eine Länge des Separators von $9N^{2/3}$. Formel (5.35) liefert mit $202.2N^{2/3}$ eine sehr pessimistische Abschätzung. Interessanter ist jedoch das asymptotische Verhalten, denn die Ordnung $N^{2/3}$ ist optimal, wie der Vergleich mit dem Würfel zeigt. Sei $T(N, P)$ die Rechenzeit für ein Problem der Größe N auf $|P|$ Prozessoren. Wenn man mit

$$E(N, P) = \frac{T(N, 1)}{|P|T(N, P)} \tag{5.36}$$

die *parallele Effizienz* bezeichnet, so zeigt Gleichung (5.35), daß

$$\lim_{N \to \infty} E(N, P) = 1 \ , \tag{5.37}$$

da der Aufwand für die Kommunikation in unseren Algorithmen nur mit der Größe des Separators wächst, aber der Rechenaufwand proportional zu N (für die hier betrachteten Algorithmen). Wir wollen nun solche asymptotische Aussagen im Mehrgitterfall betrachten. Die dabei auftretenden Schwierigkeiten illustriert schon folgendes, eindimensionales Beispiel.

Gegeben sei eine geschachtelte Gitterhierarchie in einer Raumdimension. Das Gitter der Stufe k überdecke das Intervall $[0, s_k]$, und s_k sei rekursiv definiert durch $s_0 = 1, s_{k+1} = \frac{w}{2} s_k$ mit $1 \leq w \leq 2$. Für die Zahl der Elemente n_{k+1} auf Stufe $k + 1$ gilt dann $n_{k+1} = w n_k$. Betrachten wir jede Gitterstufe für sich, so ist eine optimale Aufteilung gegeben, wenn Prozessor $q \in \{0, \ldots, |P| - 1\}$ das Intervall $\Delta_k^q = [q\frac{s_k}{|P|}, (q + 1)\frac{s_k}{|P|}]$ überdeckt. Sobald allerdings

$$\Delta_{k+1}^q \cap \Delta_k^q = \emptyset \tag{5.38}$$

gilt, muß Prozessor q in der Restriktion und Prolongation *alle* seine Grobgitterdaten verschicken und eine asymptotische Optimalität ist nicht mehr erfüllt. Im Beispiel ist dies für Prozessor $q = |P| - 1$ der Fall, sobald $s_{k+1} \leq \frac{|P|-1}{|P|} s_k$, also

$$w \leq 2\frac{|P| - 1}{|P|} \; . \tag{5.39}$$

Wesentlich für die Lastverteilung bei Mehrgitterverfahren ist es eben, einen Kompromiß zwischen Kommunikation innerhalb der Ebenen und Kommunikation zwischen den Ebenen zu finden. Im folgenden werden wir zeigen, daß das Clustering zusammen mit dem Algorithmus LB3 bereits ein asymptotisch optimales Verfahren liefert, wenn man ein geometrisches Wachstum des Gitters mit einem Faktor größer 2 voraussetzt (in 2 Raumdimensionen). Dies gilt unabhängig von der genauen Zuordnung der Cluster.

Wir beginnen dazu mit einem Modell der Parallelisierung. Die Effizienz eines Mehrgitterzyklus sei gegeben durch

$$E(\mathcal{T}, P) = \frac{c_1 |\mathcal{T}|}{|P| \left(c_1(1 + \epsilon)\frac{|\mathcal{T}_{par}|}{|P|} + c_1|\mathcal{T}_{ser}| + c_2 X\right)} =$$

$$\frac{1}{(1 + \epsilon)\frac{|\mathcal{T}_{par}|}{|\mathcal{T}|} + \frac{|\mathcal{T}_{ser}|}{|\mathcal{T}|} + |P|\frac{c_2}{c_1}\frac{X}{|\mathcal{T}|}} \; . \tag{5.40}$$

Dabei sei $\mathcal{T}$ die Zahl der Elemente aller Stufen und $\mathcal{T}_{par} \cup \mathcal{T}_{ser} = \mathcal{T}$ eine Zerlegung von $\mathcal{T}$ in einen parallelisierbaren Anteil und einen rein seriellen

Anteil. Der Zeitaufwand für die Rechenphase wird als proportional zur Zahl der Elemente angesehen (c_1), und der Zeitaufwand in der Kommunikationsphase sei proportional (c_2) zur Zahl der Elemente X, für die Kommunikation erforderlich ist. Zu zeigen ist dann, daß

(i) $\lim_{|\mathcal{T}|\to\infty} \frac{X}{|\mathcal{T}|} = 0$

(ii) $\lim_{|\mathcal{T}|\to\infty} \frac{|\mathcal{T}_{ser}|}{|\mathcal{T}|} = 0$

(iii) Die Lastverteilung erzeugt eine Aufteilung von $\mathcal{T}_{par}$ mit einem relativen Ungleichgewicht von höchstens $1 + \epsilon$.

und damit $\lim_{|\mathcal{T}|\to\infty} E(\mathcal{T}, P) = \frac{1}{1+\epsilon}$. Das Modell geht von einem sehr einfachen Modell für die Kommunikation aus, das Aufsetzzeiten, Kommunikationsentfernung und Kollisionen im Netzwerk vernachlässigt.

Weiter setzen wir ein geometrisches Wachstum für die Gitterhierarchie an, d.h. es gelte

$$|T_{k+1}| = w|T_k| \tag{5.41}$$

für $k \geq 0$ und (zunächst) $w > 1$. Damit erhalten wir für $|\mathcal{T}|$ mit Tiefe j die Beziehung

$$w^j|T_0| \leq |\mathcal{T}| = |T_0|\frac{w^{j+1}}{w-1} . \tag{5.42}$$

Zur weiteren Analyse betrachten wir den Extremfall von Algorithmus LB3. Maximale Kommunikationskosten ergeben sich dann, wenn die Cluster möglichst klein sind. Deswegen setzen wir baselevel $b = 0$ und betrachten den Fall, daß im ersten Bisektionsschritt der Algorithmus split so oft aufgerufen wird, daß $C = \emptyset$ und alle Cluster in L enthalten sind. Dieses L sei mit $L_{max}(Z)$ bezeichnet, um die Abhängigkeit von dem Parameter Z deutlich zu machen. Damit definieren wir nun $\mathcal{T}_{par}(Z)$ und $\mathcal{T}_{ser}(Z)$:

$$\mathcal{T}_{par}(Z) = \{t \in \mathcal{T} | \exists l \in L_{max}, r \in \mathcal{T} : r = \text{root}(l)$$
$$\wedge t \in (l \cap S(r))\} , \tag{5.43}$$
$$\mathcal{T}_{ser}(Z) = \mathcal{T} \setminus \mathcal{T}_{par}(Z) . \tag{5.44}$$

Der serielle Anteil $\mathcal{T}_{ser}(Z)$ besteht somit aus allen Elementen t, die *unterhalb* eines Wurzelelementes eines Clusters aus $L_{max}(Z)$ liegen. Im Gegensatz zum Vorgehen in LB3 nehmen wir an, daß alle Elemente in $\mathcal{T}_{ser}(Z)$ auf *einem* Prozessor abgearbeitet werden. $\mathcal{T}_{par}(Z)$ zerfällt in die Cluster $L_{par}(Z)$ entsprechend

$$L_{par}(Z) = \{c \subseteq \mathcal{T} | \exists l \in L_{max}(Z) : c = l \cap \mathcal{T}_{par}(Z)\} \ , \tag{5.45}$$

und diese seien bis auf einen Faktor ϵ optimal auf die Prozessoren verteilt. Den Beweis der asymptotischen Optimalität bereiten wir mit folgendem Lemma vor.

Lemma 5.1 Oberfläche und serieller Anteil. Wähle die minimale Clustergröße Z als

$$Z = \frac{|\mathcal{T}|}{\delta |P|} \tag{5.46}$$

mit fest gewähltem $\delta > 1$. Dann gilt für die oben eingeführten Größen:

(a) Für alle $c \in L_{par}(Z)$ gilt $w(c) \leq 4Z$.

(b) Unabhängig von $|\mathcal{T}|$ gilt: $|L_{par}(Z)| \leq |T_0| + \delta |P|$.

(c) $X(Z) \leq (|T_0| + \delta |P|)\,(4 \cdot 2^{j+1} - 3)$.

(d) $|\mathcal{T}_{ser}(Z)| \leq |T_0| \frac{w^{j-d}}{w-1}$ mit $d = \left\lfloor \frac{\log Z}{\log 4} \right\rfloor$.

Beweis: zu (a): Wir betrachten nur den Fall, daß allow_root(t) immer true zurückliefert. Eine Berücksichtigung von allow_root(t) würde die Aussage (a) in dieser Form nicht erlauben, da beliebig viele Kopien über einem Element entstehen könnten, aber mit zusätzlichen Forderungen an Z wäre die Aussage zu retten. Mit dieser Einschränkung gilt dann, daß ein Cluster c nicht weiter teilbar ist, genau dann wenn für alle Söhne $|S(s)| < Z$ gilt (Algorithmus 5.3, Zeile (16)) und somit wegen der Maximalzahl von vier Söhnen:

$$w(c) \leq 1 + 4|S(s)| \leq 1 + 4(Z - 1) \leq 4Z \ . \tag{5.47}$$

zu (b): Wir wollen nun die Zahl der Cluster in L_{par} nach oben abschätzen. Dazu betrachten wir folgende Zerlegung von T_0:

$$T_0 = \{t \in T_0 | S(t) < Z\} \cup \{t \in T_0 | S(t) \geq Z\} \ . \tag{5.48}$$

Die erste Teilmenge führt zu maximal $|T_0|$ unteilbaren Clustern und die zweite Menge ergibt maximal $|\mathcal{T}|/Z$ unteilbare Cluster, da Z die minimale Clustergröße ist. Insgesamt ergibt sich damit:

$$|L_{par}(Z)| \leq |T_0| + \frac{|\mathcal{T}|}{Z} = |T_0| + \delta|P| \ . \tag{5.49}$$

zu (c): Kommunikation findet im Glätter für jede äußere Kante eines Clusters statt. In der Restriktion (Prolongation) ist nur Kommunikation am Wurzelelement eines Clusters notwendig. Im Fall eines Viereckselementes als Wurzelelement hat ein Cluster auf Stufe i oberhalb des Wurzelelementes maximal $4 \cdot 2^i$ äußere Kanten. Der Gesamtbeitrag A eines Clusters zur Kommunikation X beträgt damit

$$A \leq 1 + 4 \sum_{i=0}^{j} 2^i \ , \tag{5.50}$$

und somit erhält man

$$X(Z) \leq |L_{par}(Z)| A \leq (|T_0| + \delta|P|) \left(1 + 4 \sum_{i=0}^{j} 2^i \right) \leq \tag{5.51}$$

$$\leq (|T_0| + \delta|P|) \left(4 \cdot 2^{j+1} - 3 \right) \ .$$

zu (d): Es gilt: $d = \left\lfloor \frac{\log Z}{\log 4} \right\rfloor \Rightarrow d \leq \frac{\log Z}{\log 4} \Leftrightarrow 4^d \leq Z$. Weiter gilt

$$\forall c \in L_{par}(Z) : \text{level}(\text{root}(c)) \leq j - d \tag{5.52}$$

denn wäre dies nicht der Fall, d.h $\exists c \in L_{par}(Z) : \mathrm{level}(\mathrm{root}(c)) > j - d$, so würde für dieses Cluster c gelten

$$w(c) \leq \sum_{k=0}^{d-1} 4^k \leq \frac{4^d}{3} < 4^d \leq Z \; . \tag{5.53}$$

Andererseits gilt aber wegen der Konstruktion der Cluster $w(c) \geq Z$ und somit ein Widerspruch. Aus (5.52) und (5.44) folgt nun, daß

$$\mathcal{T}_{ser}(Z) \subseteq \{t \in \mathcal{T} | \mathrm{level}(t) \leq j - d - 1\} \; , \tag{5.54}$$

und die Zahl der Elemente in $\mathcal{T}_{ser}(Z)$ läßt sich abschätzen durch

$$|\mathcal{T}_{ser}(Z)| \leq |T_0| \sum_{k=0}^{j-d-1} w^k = |T_0| \frac{w^{j-d}}{w-1} \; . \tag{5.55}$$

$\square$

Damit können wir zeigen, daß serieller Anteil und Kommunikation langsamer wachsen als $|\mathcal{T}|$. Das Resultat ist in folgendem Satz festgehalten.

Satz 5.1 Asymptotische Effizienz. Unter den Voraussetzungen des Lemmas und eines Wachstumsfaktors $w > 2$ gilt

$$\lim_{|\mathcal{T}| \to \infty} \frac{|\mathcal{T}_{ser}(Z)|}{|\mathcal{T}|} = 0, \qquad \lim_{|\mathcal{T}| \to \infty} \frac{X(Z)}{|\mathcal{T}|} = 0 \; . \tag{5.56}$$

Wählt man $\delta > 4/\epsilon$, so gilt

$$\lim_{j \to \infty} E(\mathcal{T}, P) = \frac{1}{1 + \epsilon} \; . \tag{5.57}$$

Beweis. Wegen (d) aus dem Lemma und (5.42) gilt:

$$\frac{|\mathcal{T}_{ser}(Z)|}{|\mathcal{T}|} \leq \frac{|T_0| w^{j-d}}{w-1} \frac{1}{|T_0| w^j} = \frac{1}{(w-1) w^d} \to 0 \; , \tag{5.58}$$

da d monoton wächst mit Z und damit auch mit $|\mathcal{T}|$ und außerdem $w >$ 1 nach Voraussetzung. Für den Kommunikationsteil ist nun echt $w > 2$ erforderlich, denn dann gilt mit (c) und (5.42):

$$\frac{X(Z)}{|\mathcal{T}|} \leq \frac{(|T_0| + \delta|P|)\,(4 \cdot 2^{j+1} - 3)}{|T_0|w^j} = \tag{5.59}$$

$$\frac{3(|T_0| + \delta|P|)}{|T_0|w^j} + \frac{8(|T_0| + \delta|P|)}{|T_0|} \left(\frac{2}{w}\right)^j \to 0 \; .$$

Da (5.31) als Voraussetzung für (5.30) zu erfüllen ist und sich die maximale Größe eines Clusters nach (a) im Lemma als $4Z$ ergibt, erhalten wir

$$4Z = \frac{4|\mathcal{T}|}{\delta|P|} \leq \epsilon\frac{|\mathcal{T}|}{|P|} \;\; \Leftrightarrow \delta > \frac{4}{\epsilon} \; . \tag{5.60}$$

$\square$

Der Satz ist theoretisch interessant, da er zeigt, daß ein asymptotisch optimaler Kompromiß zwischen Kommunikation im Glätter und der Kommunikation in der Grobgitterkorrektur unter gewissen Voraussetzungen möglich ist. Allerdings liefert er keine quantitative Abschätzung für in der Praxis auftretende Gitter. Andererseits ist auch zu bedenken, daß sicher nicht an jeder Clustergrenze eine Kommunikation notwendig ist, wie im Beweis angenommen wird. Ein ähnlicher Satz für den multiplikativen Fall (LB1/LB2) scheint auf demselben Weg nicht machbar, da eine zu (b) äquivalente Aussage selbst bei mit j wachsender Clustertiefe d nicht gilt.

6 Praktische Ergebnisse und Ausblick

6.1 Ziele und Methoden

Von Anfang an war die Erstellung eines praktisch einsetzbaren Pragramm-systemes unser Ziel. Auch wenn eine Reihe von theoretischen Aussagen und praktischen Erfahrungen für einzelne Teile des Gesamtalgorithmus vorliegen, so kann das Zusammenspiel der einzelnen Komponenten nur am konkreten numerischen Beispiel getestet werden. Insbesondere wollen wir versuchen, folgende Fragen zu beantworten:

1. Unterscheiden sich die erzielbaren parallelen Effizienzen auf unstrukturierten Gittern deutlich von denen auf strukturierten Gittern? Dies ist zunächst bei uniformer Verfeinerung zu beantworten.

2. Wie verhalten sich die vorgestellten numerischen Verfahren bei praktischen Problemen, wobei hier insbesondere an anisotrope und konvektions-dominierte Probleme gedacht ist.

3. Welche Effizienzen lassen sich für eine Iteration, die Reduktion um einen festen Faktor und das Gesamtverfahren im Fall einer lokalen Gitterverfeinerung erzielen? Wie stark hängt die Effizienz von dem Wachstum der Gitterhierarchie und der speziellen Form der verfeinerten Region ab?

4. Bis zu welchen Prozessorzahlen können die vorgestellten Verfahren, insbesondere die Lastverteilung, sinnvoll eingesetzt werden?

5. Wie wichtig ist die Minimierung der Kommunikation im Lastverteilungsproblem in der Praxis? Welche Rolle spielen sekundäre Effekte der Datenpartitionierung wie etwa Cache-Nutzung, lokale Vektorisierung oder Beeinflußung der Konvergenzrate?

6. Wiegen die Vorteile in der Parallelisierbarkeit des additiven Mehrgitterverfahrens die schlechteren Konvergenzeigenschaften gegenüber dem multiplikativen Verfahren auf?

Tab. 6.1 Liste der in der Präsentation der Ergebnisse verwendeten Symbole.

T_{IT}	Zeit für eine Iteration eines Iterationsverfahrens normalerweise auf dem feinsten, gerechneten Gitter in Sek.
T_{SOL}	Zeit um eine vorgeschriebene Reduktion zu erreichen, normalerweise auf dem feinsten, gerechneten Gitter in Sek.
T_{JOB}	Gesamtlaufzeit des Programmes ab Startgitter einlesen in Sek.
T_{BAL}	Zeit für Lastverteilung im gesamten Programmlauf in Sek.
T_{MIG}	Zeit für Lasttransfer im gesamten Programmlauf in Sek.
E_{IT}	Effizienz für einen Mehrgitterzyklus
E_{SOL}	Effizienz bezüglich T_{SOL}
E_{JOB}	Effizienz für einen ganzen Programmlauf
E_{THEO}	Obere Schranke für E_{IT} aus Abzählen der Knoten
P	Zahl der Prozessoren
j	Tiefe der Triangulierung, d.h. $(j+1)$ Gitterebenen
$IT(\epsilon)$	Zahl der Iteration um Residuum in euklidscher Norm um ϵ zu reduzieren
N	Zahl der Knoten in feinstem, gerechneten Gitter
M	Zahl der Knoten auf allen Stufen der Gitterhierarchie, d.h. $M = |\mathcal{T}|$

Zur Beantwortung dieser Fragen werden fünf Testprobleme gerechnet, davon zwei mit uniformer Verfeinerung und drei mit lokaler Gitterverfeinerung. Einige Fragen können dabei natürlich nur unvollständig beantwortet werden, wie etwa die Frage nach dem numerischen Verhalten der Methoden. Der Schwerpunkt der Untersuchungen liegt auf der Bewertung der Lastverteilungsmethoden und dem Nachweis, daß es überhaupt möglich ist, adaptive Methoden effizient auf einem Parallelrechner umzusetzen.

Tabelle 6.1 gibt eine Übersicht über die verwendeten Symbole. Mit T_{IT}, T_{SOL} und T_{JOB} definieren wir den zugehörigen *Speedup* bzw. die *Effizienz* wie üblich:

$$S_X(P) = \frac{T_X(1)}{T_X(P)} \, , \tag{6.1}$$

$$E_X(P) = \frac{S_X(P)}{P} \, , \tag{6.2}$$

wobei X für IT, SOL oder JOB stehen kann. $T_X(1)$ und $T_X(P)$ sind dabei Zeiten für ein Problem fester Größe auf einem bzw. P Rechnern, das mit gleichen Parametern (also insbesondere Lösungsverfahren) gerechnet wird. Die Effizienz $E_{IT}(P)$ bezeichnen wir auch als *parallele* Effizienz eines Lösungsverfahrens, da hier nur die Effizienz der parallelen Implementierung gemessen wird, insbesondere wird hiermit auch die Qualität der Lastverteilung bewertet werden. Die Größe E_{SOL} ist von Interesse, da wegen $T_{SOL} = T_{IT} \cdot IT(\epsilon)$ auch die Zahl der benötigten Iterationen ($IT(\epsilon)$) zum Erreichen einer festgesetzten Genauigkeit ϵ mit berücksichtigt wird. Man beachte aber, daß ein Lösungsverfahren mit besserer Effizienz E_{SOL} nicht notwendigerweise schneller sein muß, da die Zeit pro Iteration eine Rolle spielt. Hierfür vergleichen wir dann direkt die Werte T_{SOL}. Die Gesamteffizienz E_{JOB} berücksichtigt schließlich auch die anderen Komponenten des Verfahrens (Assemblierung, Fehlerschätzer, Verfeinerung, Lastverteilung, Lasttransfer) und bewertet die Beschleunigung, an der ein Benutzer wirklich interessiert ist (*wall clock time*).

Die Bestimmung der Größe $T_X(1)$ ist üblicherweise mit Schwierigkeiten verbunden, da man den Speicher in allen Prozessoren weitgehend ausnutzen möchte und dann auf einem Prozessor nicht genug Platz zur Verfügung steht, um das große Problem zu rechnen. In diesem Fall extrapolieren wir die Zeit für das größte auf einem Prozessor berechenbare Problem mit der Gesamtzahl der Knoten in der Mehrgitterstruktur (d.h. die Summe über alle Stufen). Diese Vorgehensweise ist recht genau, solange der Anteil der exakten Lösung auf Stufe 0 vernachlässigbar ist.

Die verwendeten Lösungsverfahren werden in den Tabellen folgendermaßen abgekürzt: *cg+mgc+smoother*, cg bedeutet, daß das Mehrgitterverfahren als Vorkonditionierer eingesetzt wird, mgc ist entweder mmg für multiplikatives Mehrgitterverfahren oder amg für additives Mehrgitterverfahren und smoother kann mit djac (gedämpfter Punkt-Jacobi), gs (Gauß-Seidel), sgs (symmetrischer Gauß-Seidel) oder ilu (ILU_β) besetzt werden. Dabei sind die Glätter gs, sgs und ilu als innere Iteration (1 Schritt, falls nicht anders angegeben) in einem gedämpften Block-Jacobi-Verfahren zu verstehen.

Die Berechnungen wurden auf zwei verschiedenen Parallelrechnern durchgeführt. Zunächst auf einem Transputersystem SC-128 der Firma Parsytec mit 128 Prozessoren T800 (25MHz) und einem Speicherausbau von 4MB pro Knoten. Als Betriebssystem wurde PARIX-Version 1.2 verwendet. Weiterhin wurden Berechnungen auf einer Intel Paragon mit 72 Prozessoren und einem Speicherausbau von 32MB je Knoten durchgeführt. Als Betriebssystem wurde hier Paragon OSF/1 Release 1.1 verwendet.

6.2 Beispiel KAMMER

6.2.1 Beschreibung

Im ersten Beispiel soll das Potential in einer Driftkammer (eigentlich *multi wire proportional chamber*) berechnet werden. Hierbei handelt es sich um ein Gerät zum Nachweis geladener Teilchen. Abbildung 6.1 zeigt den prinzipiellen Aufbau. Zwischen zwei geladenen Metallplatten (Kathoden) befindet sich eine Reihe von Drähten (Anoden), an die eine Spannung von etwa +5KV angelegt wird. Die Kammer ist mit einem Gas (etwa Argon-Isobutan) gefüllt. Energiereiche Teilchen, die durch die Kammer fliegen, ionisieren das Gas und freigesetzte Elektronen driften in Richtung der Anoden. Überschreitet die Energie eines Elektrons die Ionisierungsenergie des Gases wiederholt sich der Vorgang lawinenartig. Pro ursprünglichem Ionenpaar erreichen typischerweise 10^5 Elektronen eine Anode ([82]).

Der Potentialverlauf in der Kammer wird mathematisch durch die Laplacegleichung beschrieben. Aus Symmetriegründen wird die Berechnung auf ein Viertel des Gebietes beschränkt. Die Problemstellung lautet damit

$$\Delta u = 0 \text{ in } \Omega_{Kammer} \tag{6.3}$$

mit den Randbedingungen

$$u = 0 \text{ auf } \Gamma_{Kathode} \tag{6.4}$$
$$u = U \text{ auf } \Gamma_{Anode} \tag{6.5}$$
$$\frac{\partial u}{\partial n} = 0 \text{ sonst .} \tag{6.6}$$

Dabei setzen wir die Anodenspannung U auf 1, da wir die genaue Form der Lösung nicht weiter verwerten und nur an den mathematischen Eigenschaften der Verfahren intersessiert sind. Die Schwierigkeiten bei der numerischen Lösung des Problems entstehen durch die Geometrie mit ihren stark unterschiedlichen Längenskalen. Die kleinsten Drähte in der Mitte der Kammer sind mit einem Durchmesser von $10\mu m$ um den Faktor 400 kleiner als die längste Ausdehnung von $4mm$. Beim Einsatz des Mehrgitterverfahrens ergibt sich das Problem, ein möglichst grobes Startgitter zu

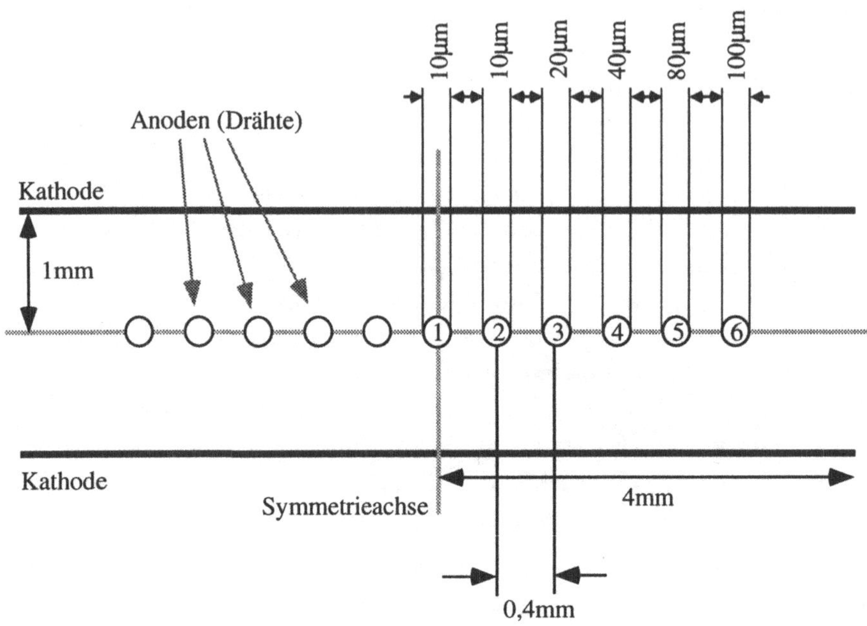

Abb. 6.1 Prinzipieller Aufbau der Driftkammer.

erzeugen, das aber andererseits alle relevanten Teile der Geometrie auflöst. Verwendet man dabei sehr wenige Elemente, so stoßen zwangsläufig Elemente stark unterschiedlicher Größe aneinander, was zu (lokal) anisotropen, diskreten Gleichungssystemen führt. Um den Einfluß der Gitterkonstruktion auf die Iterationszahlen zu verdeutlichen, wurden zwei verschiedene Startgitter erzeugt. Gitter K1 (in Abbildung 6.2) besteht aus 112 Dreiecken, Gitter K2 (Abbildung 6.4) besteht aus 210 Dreiecken. Die Abbildungen 6.3 bzw. 6.5 zeigen jeweils eine 20-fache Vergrößerung des Drahtes Nr. 2 mit $10\mu m$ Durchmesser bei dreifacher Verfeinerung des Startgitters. Abbildung 6.6 zeigt Höhenlinien des Potentials und Abbildung 6.7 enthält den Betrag des Gradienten des Potentials.

6.2.2   Iterationszahlen

Im ersten Experiment vergleichen wir die Zahl der Iterationen, die benötigt werden, um die euklidische Norm des Residuums um 10^{-6} zu reduzieren. Verglichen werden dabei die beiden Startgitter K1 und K2 sowie verschiedene Löser und Prozessorzahlen. Tabelle 6.2 enthält die Werte für Gitter K1 und Tabelle 6.3 die für Gitter K2. Als Löser wurden das multiplikative Mehrgitterverfahren (mmg) mit und ohne cg-Beschleunigung sowie additives Mehrgitter (amg) mit cg-Beschleunigung getestet. Als Glätter kamen gedämpfter Punkt-Jacobi (djac) und gedämpfter Block-Jacobi mit je *einem* Schritt Gauß-Seidel (gs), symmetrischem Gauß-Seidel (sgs) oder ILU$_\beta$ als innerem Löser zum Einsatz. Die weiteren Mehrgitterparameter und Dämpfungsfaktoren sind der Tabelle zu entnehmen.

Der anisotrope Charakter des Problems zeigt sich deutlich in den hohen Iterationszahlen, besonders bei der Jacobi-Glättung ohne cg-Beschleunigung. Die Verwendung des Startgitters K2 ergibt bis zu sechsmal geringere Iterationszahlen (mmg+djac).

Wie im Modellfall des anisotropen Problems (siehe [103]) ergibt sich eine deutliche Verbesserung der Konvergenzraten durch die Verwendung von *robusten* Glättungsverfahren wie ILU$_\beta$. Man erhält hier typische, h-unabhängige Konvergenzraten von 0.1. Die Numerierung der Knoten war dabei in jedem Prozessor lexikographisch erst in x, dann in y. Allerdings sind diese Verfahren nur auf sehr wenigen Prozessoren wirksam, da sie nur lokal als Löser in einem Block-Jacobi-Prozess eingesetzt werden. Ab etwa 8 Prozessoren führt die Kombination mit ILU$_\beta$ sogar zur Divergenz. Es sei betont, daß die zu lösenden linearen Gleichungssysteme weder diagonaldominant sind noch das Vorzeichenmuster der M-Matrix-Bedingung erfüllen.

Einen guten Kompromiß stellt die Kombination cg+mmg+sgs dar. Diese erreicht beinahe die Konvergenzraten der ILU$_\beta$-Varianten und bleibt auch bei höheren Prozessorzahlen stabil. Im allgemeinen Fall einer anisotropen Gleichung ist dieses Verfahren aber nicht im strengen Sinne robust (d.h. beschränkte Iterationszahlen für beliebige Gitterfeinheit, Anisotropie und Prozessorzahl).

Neben der Zahl der Iterationen ist für einen echten Effizienzvergleich noch der Aufwand pro Iteration zu berücksichtigen. Da dies von der Zielhardware abhängig ist, sei dazu auf den nächsten Abschnitt verwiesen.

6.2.3 Effizienzvergleich der Verfahren

In diesem Abschnitt soll die parallele Effizienz für einen Mehrgitterzyklus, die Skalierbarkeit des Verfahrens bei konstanter Last pro Prozessor und die numerische Effizienz der Verfahren untersucht werden. Im Test werden additives und multiplikatives Mehrgitter jeweils mit Punkt-Jacobi- und Block-Jacobi-SGS-Glätter verglichen. Bei allen Tests wurde K2 als Startgitter verwendet. Abbildung 6.8 illustriert die Lastaufteilung am Beispiel von 9 ($= 3 \times 3$) Prozessoren. Das gröbste Gitter wurde grundsätzlich nur auf einem Prozessor gelöst (ILU Iteration bis 10^{-4} Reduktion des Residuums). Stufe 1 wurde auf höchstens 16 Prozessoren abgebildet, erst ab Stufe 2 wurden immer alle Prozessoren eingesetzt.

Transputer

Betrachtet man die Effizienzen pro Mehrgitterzyklus (E_{IT}) in Tabelle 6.4, so ergeben sich keine großen Unterschiede zwischen multiplikativem und additivem Mehrgitter. Die Kommunikation hat offensichtlich einen sehr geringen Anteil an der Zykluszeit, so daß die gröbere Granularität des additiven Verfahrens nicht zum Tragen kommt. Erwartungsgemäß zeigt das additive Mehrgitterverfahren die beste parallele Effizienz und die beste Skalierbarkeit. Ein Mehrgitterzyklus auf einem 64-mal so großen Problem dauert mit 64 Prozessoren nur 1.19 mal solange wie auf einem Prozessor. Insgesamt sind aber die multiplikativen Verfahren die Sschnelleren (siehe T_{SOL}), da deren bessere Konvergenzrate von den additiven Verfahren nicht aufgeholt wird. Das effizienteste Verfahren cg+mmg+sgs ist etwa 2.3-mal schneller als cg+amg+djac.

Paragon

Wie Tabelle 6.5 zeigt, sind hier die Effizienzen praktisch identisch zu denen beim Transputer, da das etwas schlechtere Kommunikations- zu Rechenzeitverhältnis der Paragon durch die Problemgröße wieder ausgeglichen wird. Bemerkenswert ist, daß der Unterschied in den Iterationszeiten (T_{IT}) zwischen Jacobi- und Gauß-Seidel-Varianten deutlicher ausfällt. Dies bewirkt, daß das schnellste Verfahren (cg+mmg+sgs) nun nur noch 1.5-mal schneller ist als cg+amg+djac.

Tab. 6.2 Iterationszahlen für 10^{-6} Reduktion und verschiedene Löser, Gitter K1.

Löser	P	Stufe 3 $N = 3809$	Stufe 4 $N = 14785$	Stufe 5 $N = 58241$
mmg+djac $\omega = 2/3,\ \nu_1 = \nu_2 = 1$		492	687	801
mmg+gs $\omega = 0.85,\ \nu_1 = \nu_2 = 2$	1	79	99	*
	2	*	*	*
	...	*	*	*
mmg+sgs $\omega = 0.85,\ \nu_1 = \nu_2 = 2$	1	48	59	66
	2	60	75	84
	4	60	75	84
	8	60	75	84
	16	88	88	92
	32	60	75	84
mmg+ilu$_\beta$ $\omega = 0.85,\ \nu_1 = \nu_2 = 2$ $\beta = 0.35$	1	9	9	9
	2	10	10	9
	4	13	17	15
	8	↑	↑	↑
cg+mmg+djac $\omega = 2/3,\ \nu_1 = \nu_2 = 1$		44	54	60
cg+mmg+sgs $\omega = 0.85,\ \nu_1 = \nu_2 = 2$	1	13	16	17
	2	15	18	19
	4	15	18	19
	8	15	18	19
	16	18	20	20
	32	15	18	19
cg+mmg+ilu$_\beta$ $\omega = 0.85,\ \nu_1 = \nu_2 = 2$ $\beta = 0.35$	1	6	6	6
	2	6	6	6
	4	8	9	15
	8	↑	↑	↑
cg+amg+djac (BPX) $\nu = 1$		106	137	160

Tab. 6.3 Iterationszahlen für 10^{-6} Reduktion und verschiedene Löser, Gitter K2.

Löser	P	Stufe 3 $N = 7009$	Stufe 4 $N = 27457$	Stufe 5 $N = 108673$
mmg+djac $\omega = 2/3,\ \nu_1 = \nu_2 = 1$		104	121	130
mmg+gs $\omega = 0.85,\ \nu_1 = \nu_2 = 2$	1	19	21	
	2	19	21	
	4	19	21	
	8	22	25	27
	16	24	25	27
	32	22	25	27
mmg+sgs $\omega = 0.85,\ \nu_1 = \nu_2 = 2$	1	11	12	
	2	11	12	
	4	11	12	
	8	13	14	14
	16	20	18	17
	32	14	14	14
mmg+ilu$_\beta$ $\omega = 0.85,\ \nu_1 = \nu_2 = 2$ $\beta = 0.35$	1	6	6	
	2	6	6	
	4	8	11	
	8	8	9	7
	16	17	16	14
	32	11	11	10
cg+mmg+djac $\omega = 2/3,\ \nu_1 = \nu_2 = 1$		20	23	24
cg+mmg+sgs $\omega = 0.85,\ \nu_1 = \nu_2 = 2$	1	6	7	
	2	6	7	
	4	6	7	
	8	7	7	7
	16	8	9	8
	32	8	8	8
cg+mmg+ilu$_\beta$ $\omega = 0.85,\ \nu_1 = \nu_2 = 2$ $\beta = 0.35$	1	5	5	
	2	5	5	
	4	6	7	
	8	17	12	10
	16	9	8	7
	32	7	7	6
cg+amg+djac (BPX) $\nu = 1$		48	57	61

Tab. 6.4 KAMMER, Gitter K2, uniforme Verfeinerung, Vergleich der Parallelisierung verschiedener Lösungsverfahren auf T800 Transputer.

Löser		$P = 1$ $N = 1825$ $M = 2460$	$P = 4$ $N = 7009$ $M = 9469$	$P = 16$ $N = 27457$ $M = 36926$	$P = 64$ $N = 108673$ $M = 145599$
cg+mmg+djac	T_{IT}	2.00	2.21	2.33	2.50
$\nu_1 = \nu_2 = 1$	$IT(10^{-6})$	17	20	23	24
$\omega = 2/3$	T_{SOL}	34.0	44.1	53.5	60.1
	Skalierung	1	1.11	1.17	1.25
	E_{IT}	100	87	81	74
cg+mmg+sgs	T_{IT}	3.90	4.31	4.52	4.85
$\nu_1 = \nu_2 = 2$	$IT(10^{-6})$	6	7	9	9
$\omega = 0.85$	T_{SOL}	23.4	30.2	40.7	43.7
	Skalierung	1	1.11	1.16	1.24
	E_{IT}	100	87	81	74
cg+amg+djac	T_{IT}	1.37	1.49	1.56	1.63
$\nu = 1$	$IT(10^{-6})$	38	48	57	61
	T_{SOL}	52.1	71.5	88.9	99.4
	Skalierung	1	1.09	1.14	1.19
	E_{IT}	100	88	82	78
cg+amg+sgs	T_{IT}	2.32	2.56	2.71	2.85
$\nu = 2$	$IT(10^{-6})$	17	20	26	26
$\omega = 0.85$	T_{SOL}	39.4	51.2	70.5	74.1
	Skalierung	1	1.10	1.17	1.23
	E_{IT}	100	87	80	75

Tab. 6.5 KAMMER, Gitter K2, uniforme Verfeinerung, Vergleich der Parallelisierung verschiedener Lösungsverfahren auf Intel Paragon.

Löser		$P = 1$ $N = 7009$ $N = 9469$	$P = 4$ $N = 27457$ $N = 36926$	$P = 16$ $N = 108673$ $N = 145599$	$P = 64$ $N = 432385$ $N = 577984$
cg+mmg+djac	T_{IT}	0.83	0.98	1.06	1.12
$\nu_1 = \nu_2 = 1$	$IT(10^{-6})$	20	23	24	24
$\omega = 2/3$	T_{SOL}	16.6	22.6	25.5	26.8
	Skalierung	1	1.18	1.28	1.35
	E_{IT}	100	83	75	71
cg+mmg+sgs	T_{IT}	2.35	2.80	2.91	3.03
$\nu_1 = \nu_2 = 2$	$IT(10^{-6})$	7	7	8	9
$\omega = 0.85$	T_{SOL}	16.5	19.6	23.3	27.3
	Skalierung	1	1.19	1.24	1.29
	E_{IT}	100	82	78	74
cg+amg+djac	T_{IT}	0.48	0.57	0.61	0.63
$\nu = 1$	$IT(10^{-6})$	48	57	61	64
	T_{SOL}	23.0	32.3	37.4	40.4
	Skalierung	1	1.18	1.28	1.32
	E_{IT}	100	82	75	72
cg+amg+sgs	T_{IT}	1.24	1.45	1.50	1.55
$\nu = 2$	$IT(10^{-6})$	20	22	26	26
$\omega = 0.85$	T_{SOL}	24.8	31.8	39.1	40.4
	Skalierung	1	1.17	1.21	1.25
	E_{IT}	100	83	79	76

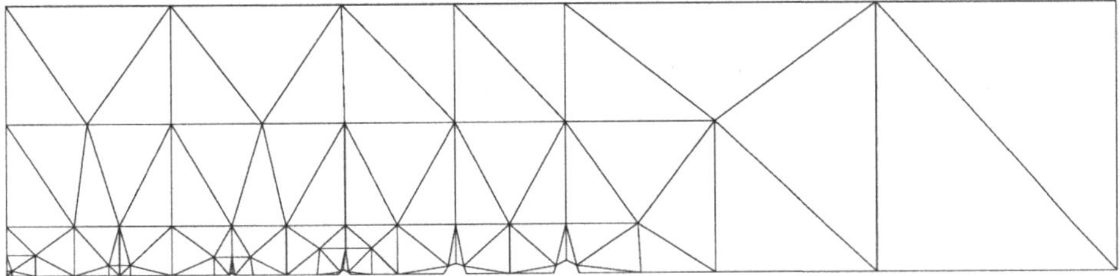

Abb. 6.2 Gitter K1 zur Lösung des KAMMER Problems.

Abb. 6.3 Ausschnitt aus Gitter K1, Zoomfaktor 20.

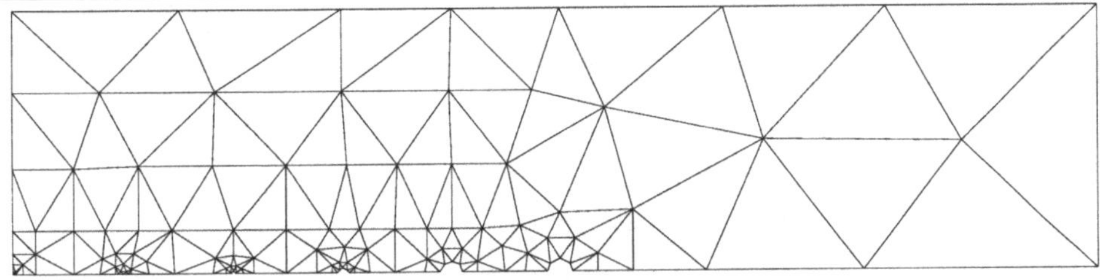

Abb. 6.4 Gitter K2 zur Lösung des KAMMER Problems.

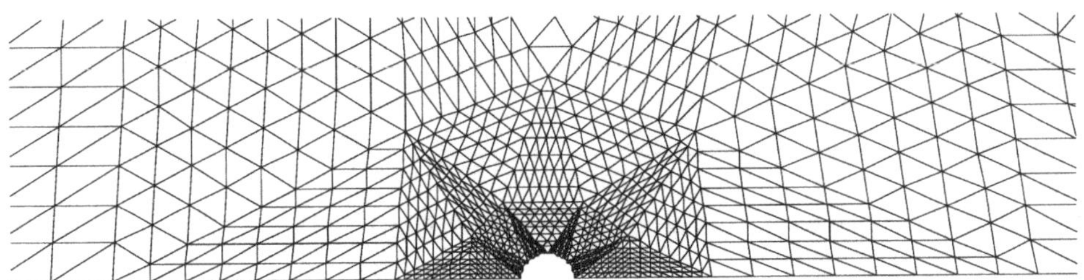

Abb. 6.5 Ausschnitt aus Gitter K2, Zoomfaktor 20.

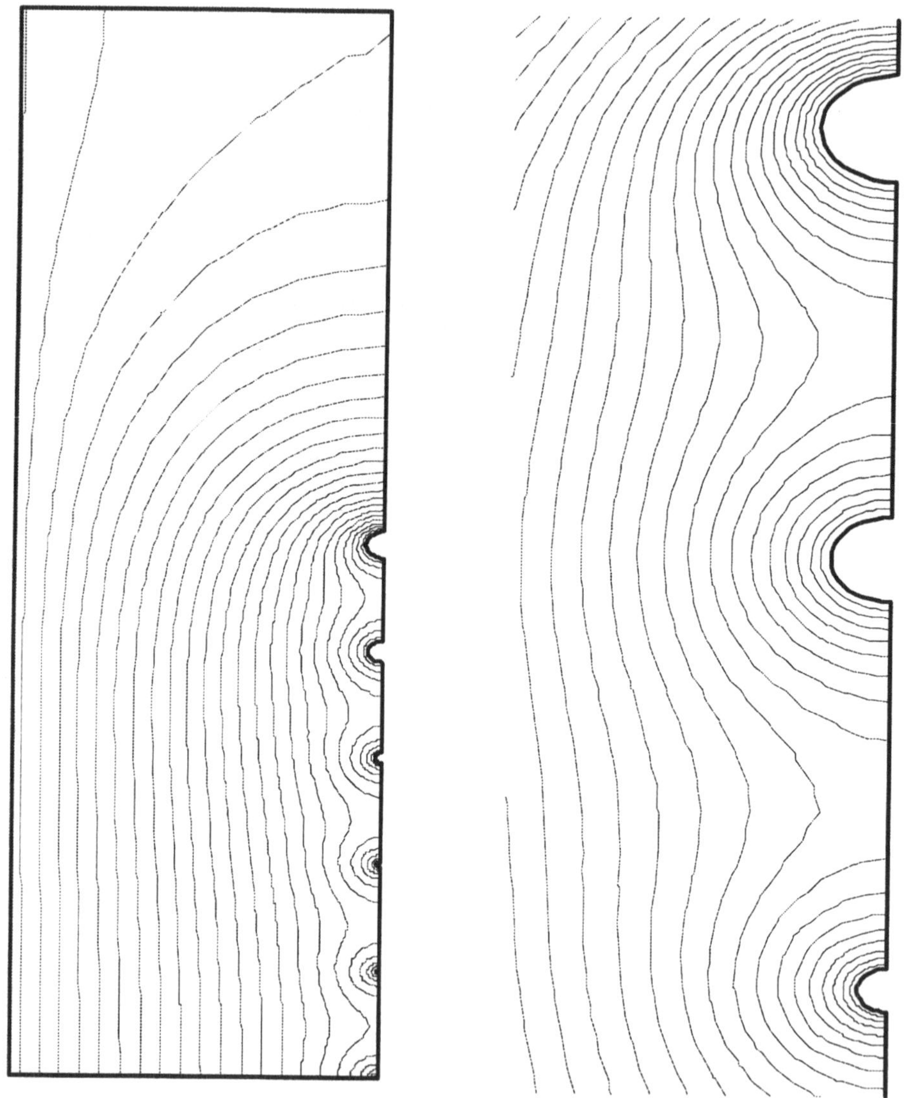

Abb. 6.6 Höhenlinien des Potentials im KAMMER Problem.

Abb. 6.7 Betrag des Gradienten beim KAMMER Problem.

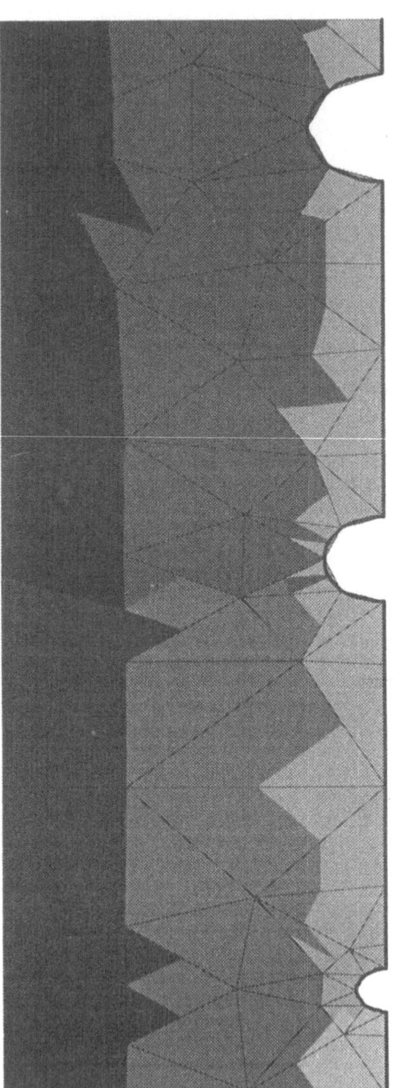

Abb. 6.8 Lastverteilung für das uniform verfeinerte KAMMER Problem.

6.3 Beispiel NORDSEE

6.3.1 Beschreibung

Es werden die Untersuchungen über die parallelen Effizienzen der Verfahren fortgesetzt. Insbesondere wenden wir uns der Fragestellung zu, wie wichtig eine genaue Lösung des Lastverteilungsproblems in der Praxis ist. Dazu wird eine skalare Konvektions-Diffusions-Gleichung auf dem Gebiet in Abbildung 6.9 gelöst. Hierbei handelt es sich um eine Diskretisierung der Deutschen Bucht, deutlich sind Sylt und Helgoland im Gitter zu erkennen. Das dargestellte Gitter ist das Startgitter und enthält bereits 1489 Dreiecke. In allen Berechnungen dieses Abschnittes wird nur mit uniformer Verfeinerung gearbeitet.

6.3.2 Einfluß der Lastverteilung

Wir vergleichen dazu Aufteilungen, die von den beiden Lastverteilungsverfahren LB1 und LB2 geliefert werden. Beide arbeiten mit dem Clustering für multiplikative Mehrgitterverfahren, ein Unterschied besteht nur in der Aufteilung einer Clusterebene. LB1 verwendet hierzu rekursive Koordinatenbisektion mit alternierenden Richtungen (siehe Abbildung 6.10), wohingegen LB2 die Zahl der zu transferierenden Elemente minimiert und mehr oder weniger streifenweise Aufteilungen produziert (siehe Abbildung 6.11).

Zur Bewertung der Lastverteilungsverfahren betrachten wir die Zahl der Dreiecke auf der feinsten Stufe sowie die Zahl der Knoten und die Zahl der Gleitkommaoperationen für ein Matrix-mal-Vektor-Produkt. Als charakteristische Größen sind weiter tabelliert (alle Angaben beziehen sich nur auf die höchste Stufe):

- Maximale Zahl der Knoten, die einem Prozessor zugeordnet sind.

- Maximale Zahl der Gleitkommaoperationen, die ein Prozessor in der Matrix mal Vektor Routine ausführen muß.

- Maximale Zahl der Knoten in einem Prozessor, für die Kommunikation erforderlich ist.

- Hops: Zahl von Knoten, für die Kommunikation erforderlich ist, multipliziert mit deren Entfernung zum Zielprozessor. Dabei wird die Entfernung bezüglich des 2D Feldes berechnet.

- Maximale Entfernung zweier Prozessoren, die miteinander kommunizieren müssen.

- Maximale Zahl von Nachbarn, mit denen ein Prozessor kommunizieren muß.

Gemessen wurde dann die Ausführungszeit für 100 Iterationen des Punkt-Jacobi-Glätters *ohne* Berechnung der Defektnorm nach jedem Schritt sowie die Zeit für eine Iteration mit multiplikativem Mehrgitter und symmetrischem Gauß-Seidel-Glätter.

Transputer

Tabelle 6.6 zeigt die Resultate für bis zu 128 Transputer bei wachsender Problemgröße. Die Effizienz für die Jacobi-Iteration sinkt selbst bei 128 Prozessoren nicht unter 80%, wenn LB1 verwendet wird. Trotz der wesentlich schlechteren Aufteilung (viermal mehr Knoten mit Kommunikation) sinkt die Effizienz mit LB2 nur bis 59% ab. Setzt man die Werte aus Tabelle 6.6 in die Formel (a) von Bemerkung 5.5 ein, so erhält man (ausgehend von LB2 als Verfahren B) eine Effizienz von 91% ($P = 32$) bzw. 84% ($P = 128$) für das Verfahren LB1. Das Verhalten der Implementierung wird somit durch das sehr einfache Modell von Bemerkung 5.5 schon recht genau wiedergegeben. Offensichtlich ist das Transputersystem trotz des Softwarerouting relativ unempfindlich gegenüber Kommunikation über weitere Entfernung.

Paragon

Auf der Intel Paragon korrelieren die gemessenen Iterationszeiten nicht mit den Statistiken der Lastverteilungsverfahren (Tabelle 6.7). Bei lokaler Numerierung der Knoten erst in x-, dann in y-Richtung ist die Iterationszeit für den Jacobi-Glätter auf 64 Prozessoren mit LB2 (21 s) sogar deutlich geringer als mit LB1 (24 s). Dies kann mit der besseren Nutzung des Cache erklärt werden, da LB2 lange, schmale Streifen in y-Richtung erzeugt. Dreht man die Numerierung um, so steigt die Zeit für LB2 deutlich an und LB1 ist nun deutlich schneller. Ein fairer Vergleich beider Verfahren wäre nur dann möglich, wenn in jedem Prozessor der Cache optimal genutzt würde, eine solche Strategie wurde jedoch noch nicht implementiert.

Dieses Beispiel macht deutlich, daß ein sekundärer Effekt der Datenaufteilung, wie die Cache-Nutzung, größeren Einfluß auf die erzielten Rechenzeiten haben kann, wie die Zahl der Knoten auf Prozessorgrenzen. Eine Einbeziehung dieser Effekte (zu denen auch lokale Vektorisierung und Beeinflußung der Konvergenzrate gehören) in das Lastverteilungsproblem ist jedoch äußerst schwierig. Einen Ansatz bei der Datenpartitionierung für direkte, parallele Löser findet man in [95].

Tab. 6.6   NORDSEE, Vergleich zweier Lastverteilungsverfahren auf T800 Transputer.

Methode	Größe	Prozessorzahl					
		1	2	4	8	32	128
	Elemente	5956	5956	23824	23824	95296	381184
	Knoten	3312	3312	12644	12644	49284	194468
	Flop	22048	22048	86212	86212	340804	1355044
LB1	max Knoten	3312	1718	3278	1694	1734	1817
	max Flop	22048	11208	22014	11219	11570	12942
	max IF Knoten	0	58	163	197	298	334
	max Hops	0	58	208	218	414	606
	max Entfernung	0	1	2	2	3	5
	max Nachbarn	0	1	3	4	8	9
	$100T_{IT}$ Jacobi	32.1	16.6	32.2	16.7	17.1	18.1
	E_{IT} Jacobi	100	97	95	92	87	81
	T_{IT} mmg+sgs	6.1	3.3	5.8	3.1	3.3	3.6
LB2	max Knoten	3312	1718	3334	1761	2429	2122
	max Flop	22048	11208	22167	11348	13053	14662
	max IF Knoten	0	58	316	358	1896	1214
	max Hops	0	58	430	538	8958	11405
	max Entfernung	0	1	2	4	9	21
	max Nachbarn	0	1	2	6	13	32
	$100T_{IT}$ Jacobi	32.1	16.6	32.3	17.4	24.1	24.8
	E_{IT} Jacobi	100	97	95	88	62	59
	T_{IT} mmg+sgs	6.1	3.3	5.9	3.2	4.3	5.2

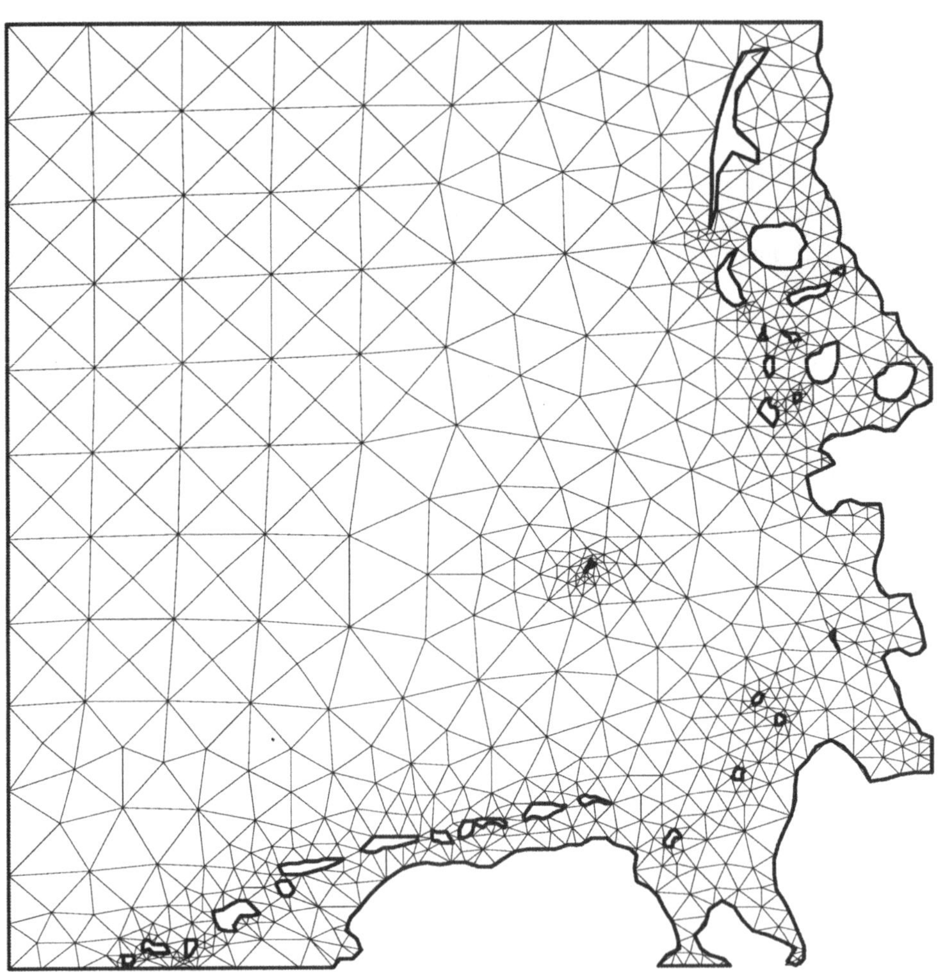

Abb. 6.9 Gitter für das Problem NORDSEE.

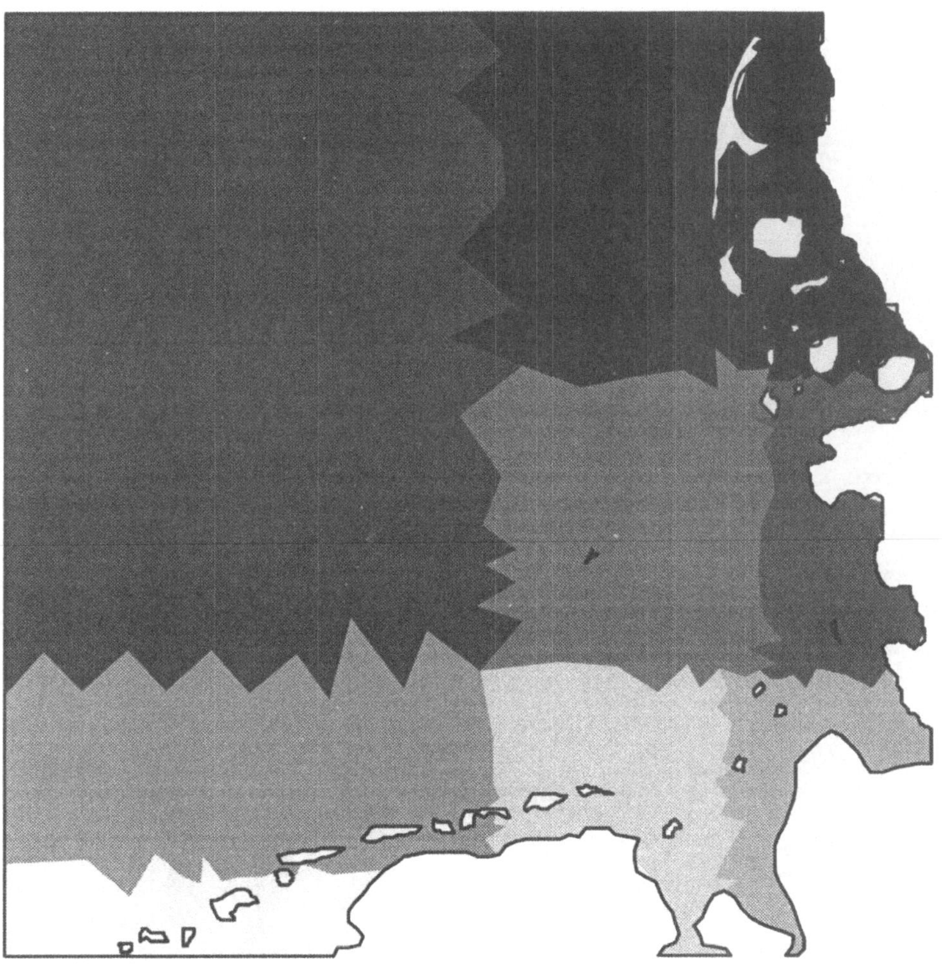

Abb. 6.10 Beispiel für Lastverteilung des NORDSEE-Gitters auf 9 Prozessoren mit Methode LB1.

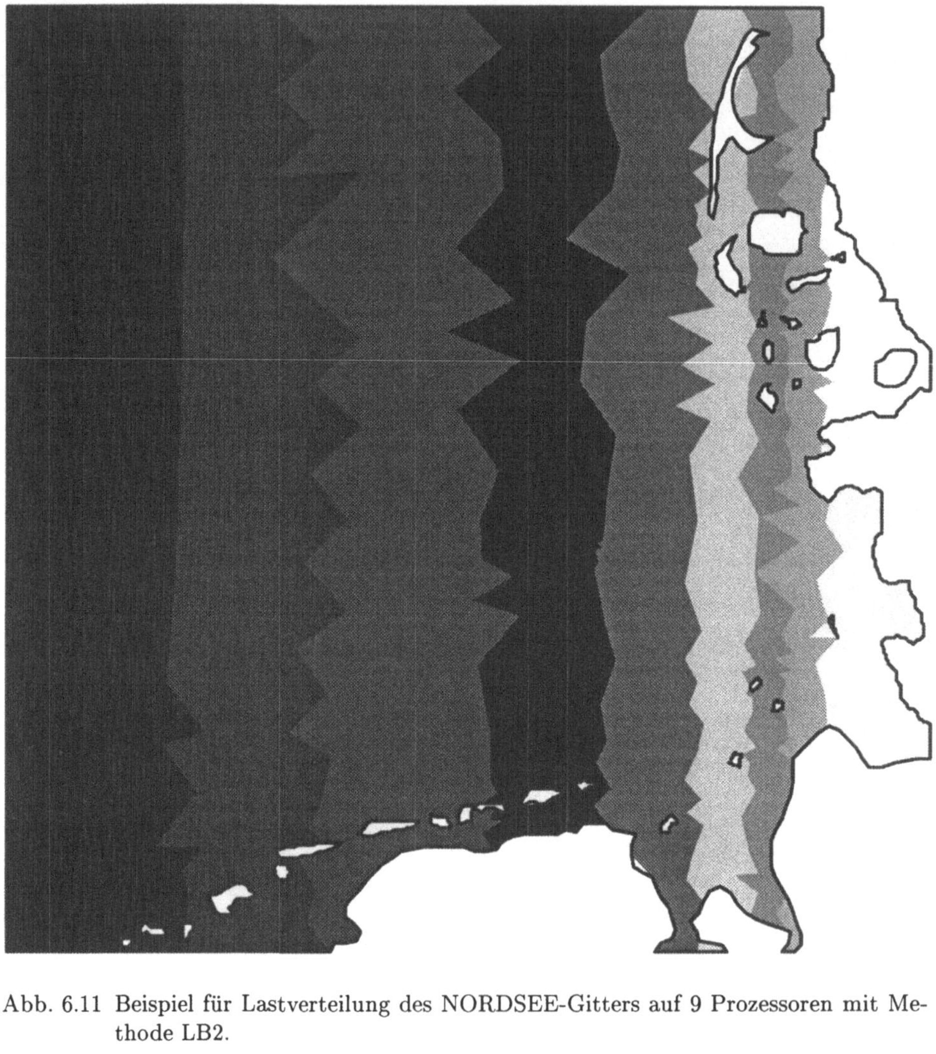

Abb. 6.11 Beispiel für Lastverteilung des NORDSEE-Gitters auf 9 Prozessoren mit Methode LB2.

Tab. 6.7 NORDSEE, Vergleich zweier Lastverteilungsverfahren auf Intel Paragon.

Meth.	Größe	Prozessorzahl						
		1	2	4	8	16	32	64
	Elemente	23824	95296	95296	381184	381184	1524736	1524736
	Knoten	12644	49284	49284	194468	194468	772452	772452
LB1	max Knoten	12644	24873	12613	24922	12783	25352	14070
	max IF Kn.	0	235	347	773	639	1158	1024
	max Hops	0	235	428	854	988	1650	1321
	Jac. lex. XY	16.8	35.8	18.8	39.3	21.0	40.8	24.0
	Jac. lex. YX	17.5	40.2	18.7	41.1	19.9	42.5	20.7
LB2	max Knoten	12644	24883	12687	25235	13182	28256	15318
	max IF Kn.	0	222	627	1407	1627	7556	5057
	max Hops	0	235	858	2474	4631	24569	27693
	Jac. lex. XY	16.8	35.7	17.1	35.0	16.8	36.5	21.0
	Jac. lex. YX	17.5	40.2	20.7	43.2	22.5	48.8	27.4

6.4   Beispiel MODELL

6.4.1   Beschreibung

Dies ist das erste Beispiel mit lokaler Gitterverfeinerung. Zu lösen sei

$$\Delta u = 0 \text{ in } \Omega = [0,1]^2 \tag{6.7}$$

mit den Dirichlet-Randbedingungen

$$
\begin{array}{lll}
u(x,0) = \frac{1}{4}x, & x \in [0,1) \\
u(1,y) = \frac{1}{4} + \frac{1}{4}y, & y \in [0,1) \\
u(x,1) = \frac{1}{2} + \frac{1}{4}(1-x), & x \in [0,1) \\
u(0,y) = \frac{3}{4} + \frac{1}{4}(1-y), & y \in (0,1)
\end{array}
\tag{6.8}
$$

Ausgehend von einem regelmäßigen Startgitter mit vier Viereckselementen wird uniform bis zu einer Stufe b verfeinert. Oberhalb der Stufe b verfeinern wir so, daß das Gitter der Stufe k nur noch das Gebiet $[0, s_k]^2$ mit

$$s_k = \left(\frac{\sqrt{w}}{2}\right)^{k-b}, \quad k \geq b, \tag{6.9}$$

überdeckt. Der Faktor $w \in [1,4]$ ist frei wählbar und wird *Wachstumsfaktor* genannt. Für $w = 4$ erhält man uniforme Verfeinerung und für $w = 1$ ergibt sich eine Gitterhierarchie ohne geometrisches Wachstum der Unbekannten von Stufe zu Stufe. Abbildung 6.12(a) zeigt ein so konstruiertes Gitter für $b = 4$ und $w = 2$. Abbildung 6.12(b) enthält die zugehörige Lösung.

6.4.2   Effizienz in Abhängigkeit des Wachstumsfaktors

Die Aufteilung des Gitters für $P = 8$ kann den Abbildungen 6.12(c) (LB3) und (d) (LB1) entnommen werden. Dabei ist an einem Punkt (x, y) jeweils nur die Zuordnung des Elementes der höchsten Stufe an diesem Punkt sichtbar, sozusagen die Oberfläche der Gitterhierarchie. Die Abbildungen 6.13 und 6.14 hingegen zeigen die Zuordnung der einzelnen Stufen im Fall von LB3 bzw. LB1. Deutlich sieht man, daß von dem Verfahren LB3 Aufteilungen mit kleinerer Oberfläche, also weniger Kommunikation erzeugt werden.

Weiterhin ist zu erkennen, wie beide Verfahren erfolgreich eine Kommunikation in den Zwischengittertransfers verhindern, da an einem Punkt jeweils gleiche Grauwerte (d.h. Prozessoren) liegen.

Tabelle 6.8 listet die Werte für parallele Effizienz einer Iteration (E_{IT}) sowie die Rechenzeit, um einen vorgegebenen Reduktionsfaktor (10^{-6}) zu erreichen. Alle Zeit- und Effizienzangaben beziehen sich auf das feinste, auf der jeweiligen Konfiguration gerechnete Problem. Verglichen werden verschiedene Wachstumsfaktoren $w = 1, 2, 3, 4$ sowie additives und multiplikatives Mehrgitterverfahren, die mit LB1 bzw. LB3 lastverteilt wurden. Dieses Experiment wurde auf dem Transputersystem durchgeführt. Die Daten für die Mehrgitterverfahren waren $\nu_1 = \nu_2 = 1$ für mmg und $\nu = 1$ für amg. Als Glätter wurde Punkt-Jacobi eingesetzt. Die Verfeinerung war uniform bis $b = 4$ in allen Fällen bis auf $w = 1, P > 1$, wo $b = 5$ verwendet wurde. Die Daten für die Lastverteilungsverfahren waren: $d = 2, Z = 6$ für LB1 und $Z = |\mathcal{T}|/(\delta|P|)$, $\delta = 20, tol = 0.15$ für LB3.

Die Ergebnisse für die parallelen Effizienzen bestätigen die visuelle Bewertung der Datenaufteilungen. So ergeben sich für das additive Mehrgitterverfahren durchwegs bessere Effizienzen als für das multiplikative Verfahren. Deutlich zeigt sich auch der erwartete Effekt, daß die Effizienzen mit kleinerem Wachstumsfaktor abnehmen. Speziell im Fall $w = 1$ sind die Verhältnisse extrem. Für $P = 64$ sind dort 36225 Unbekannte im feinsten Gitter, d.h. etwa 500 pro Prozessor, auf 16 Gitterebenen verteilt. Die dafür erzielte Effizienz von 45% im additiven Fall ist überraschend gut.

Trotz der besseren parallelen Effizienzen für das additive Verfahren sind die Gesamtrechenzeiten auf dem feinsten Gitter (T_{SOL}) immer geringer für das multiplikative Verfahren, außer im Extremfall $w = 1, P = 64$. Dies wird plausibel, wenn man berücksichtigt, daß das additive Verfahren etwa doppelt soviele Iterationen benötigt. Bei annähernd gleicher Zeit pro Iteration muß die parallele Effizienz des multiplikativen Verfahrens unter 50% sinken, damit das additive Verfahren insgesamt schneller sein kann. Da aber in beiden Verfahren Verluste auftreten, ergeben sich gleiche Laufzeiten bei etwa 25% (multiplikativ) und 50% (additiv) Effizienz.

6.4.3 Analyse der Verluste

Das Abweichen der parallelen Effizienz vom Optimum wird durch folgende Effekte bewirkt:

1. Ungleiche Lastaufteilung führt zu Wartezeiten an den Synchronisationspunkten, d.h. im multiplikativen Verfahren auf jeder Stufe, im additiven Verfahren dann, wenn Vater- und Sohnelement verschiedenen Prozessoren zugeordnet sind.

2. Doppelberechnungen an den Knoten auf Prozessorrändern führen zu einer höheren Zahl von Operationen gegenüber dem seriellen Verfahren.

3. Aufsammeln der Daten auf Prozessorrändern in die Nachrichtpuffer und Zurückschreiben der Daten vom Nachrichtenpuffer in die Datenstruktur.

4. Aufsetz- und Übertragungszeiten der Nachrichten.

Eine grobe obere Schranke für die erzielbare parallele Effizienz erhält man durch Abzählen der Knoten die einem Prozessor zugeordnet sind. Bezeichnen wir die Zahl der Knoten auf allen Stufen, die einem Prozessor p zugeordnet wurden, mit M_p und die Zahl der Knoten insgesamt mit M, so ergibt

$$E_{THEO} = \frac{M}{\left(\max_{p \in P} M_p\right) |P|} \tag{6.10}$$

eine obere Schranke für die Effizienz. Dabei wurden Doppelberechnungen ganz, die Lastungleichheit aber nur teilweise berücksichtigt, da die Synchronisationspunkte nicht explizit eingearbeitet wurden. Für den Fall $w = 1, P = 64$ ergab sich E_{THEO} im multiplikativen Fall zu 44% und im additiven Fall zu 75%. Die Verluste aus weiteren Wartezeiten und Kommunikation betragen also maximal 20% bzw. 30% in diesem speziellen Fall. Weitere Untersuchungen zeigten, daß auf den verwendeten Architekturen die Aufsetz- und Übertragungszeiten vernachlässigbar sind gegenüber dem Punkt 3 in der obigen Liste. Eine Überlappung von Kommunikations- und Rechenphase brachte deshalb keine Verbesserung der parallelen Effizienzen. Ein intelligenter Nachrichtenkoprozessor, der die Sammeloperationen übernehmen könnte, wäre für diese Anwendung sehr hilfreich.

Tab. 6.8 MODELL, Vergleich von mmg und amg für verschiedene Wachstumsfaktoren.

w		mmg+jac				
	P	1	4	16	32	64
4	j	4	5	6	7	7
	N	1089	4225	16641	66049	66049
	T_{SOL}	5.95	5.87	6.55	12.49	6.83
	E_{IT}		85	75	77	71
3	j	5	6	7	7	8
	N	3553	10657	31656	31656	94440
	T_{SOL}	18.14	15.59	13.09	7.99	15.46
	E_{IT}		86	76	62	47
2	j	5	7	8	9	10
	N	2768	12223	24767	49974	99638
	T_{SOL}	15.59	19.05	11.77	12.60	13.44
	E_{IT}		78	64	59	55
1	j	6	6	10	13	15
	N	2753	7425	20225	29825	36225
	T_{SOL}	15.39	11.13	10.17	10.69	11.14
	E_{IT}		78	60	41	24
w		cg+amg+jac				
	P	1	4	16	32	64
4	j	4	5	6	7	7
	N	1089	4225	16641	66049	66049
	T_{SOL}	9.33	10.17	11.04	20.98	11.43
	E_{IT}		88	79	82	76
3	j	5	6	7	7	8
	N	3553	10657	31656	31656	94440
	T_{SOL}	31.38	25.81	21.44	11.97	17.85
	E_{IT}		90	80	71	71
2	j	5	7	8	9	10
	N	2768	12223	24767	49974	99638
	T_{SOL}	26.00	28.43	18.68	19.77	20.92
	E_{IT}		86	71	74	63
1	j	6	6	10	13	15
	N	2753	7425	20225	29825	36225
	T_{SOL}	24.37	18.49	15.68	13.93	9.96
	E_{IT}		85	64	53	45

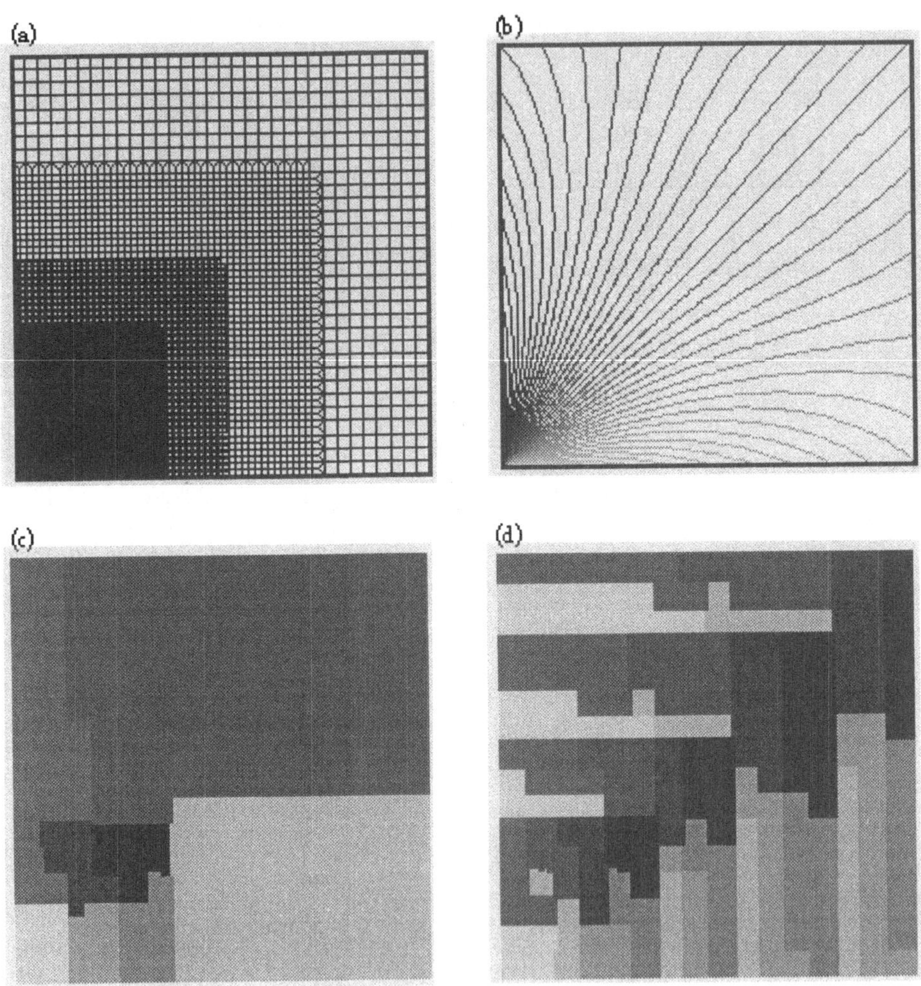

Abb. 6.12 Gitter, Lösung für das MODELL-Problem.

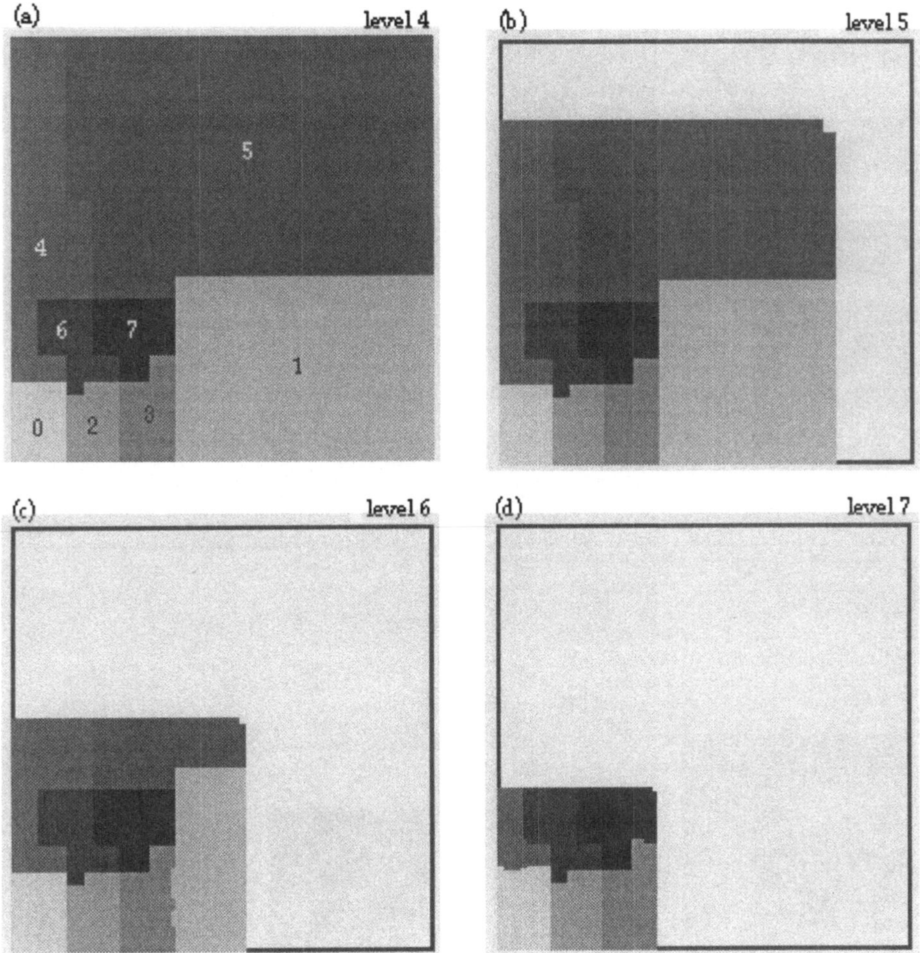

Abb. 6.13 Lastverteilung für das MODELL-Problem im additiven Fall.

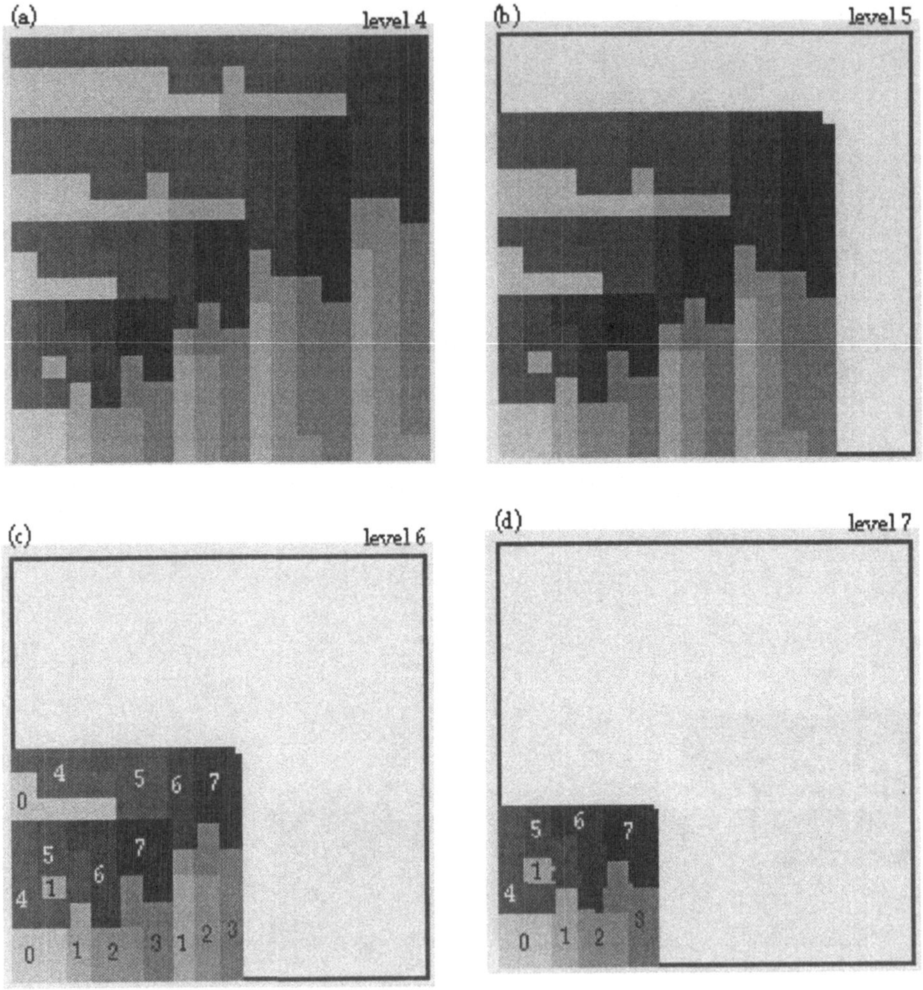

Abb. 6.14 Lastverteilung für das MODELL-Problem im multiplikativen Fall.

6.5 Beispiel KONVEKTION

6.5.1 Beschreibung

Um zu zeigen, daß die vorgestellten Lastverteilungsverfahren nicht auf einfache Fälle wie im Beispiel MODELL beschränkt sind, wird hier ein praxisnäheres Problem untersucht. Zu lösen sei die Gleichung

$$-\epsilon\Delta u + \frac{\partial u}{\partial x} + \frac{\partial u}{\partial y} = 0 \text{ in } \Omega = [0,1]^2 \tag{6.11}$$

mit den Randbedingungen

$$u(x,0) = 0, \quad x \in [0, 0.4[\cup]0.4, 1[,$$
$$u(x,0) = 1, \quad x \in [0.4, 0.6],$$
$$u(1,y) = 1, \quad y \in [0, 1[,$$
$$u(x,1) = 1, \quad x \in [0, 1[,$$
$$u(0,y) = 0, \quad y \in]0, 1[\ .$$

Es wurde $\epsilon = 10^{-3}$ in allen Tests verwendet. Die Abbildungen 6.16 und 6.17 zeigen das lokal verfeinerte Gitter und die darauf berechnete Lösung. Als Verfeinerungskriterium wurde der Gradient gewichtet mit der lokalen Elementgröße verwendet. Wegen der Unsymmetrie der entstehenden Gleichungssysteme wurde multiplikatives Mehrgitter ohne cg-Beschleunigung als Löser eingesetzt.

6.5.2 Effizienzvergleiche

Transputer

Tabelle 6.9 enthält die auf dem T800 System mit dem Lastverteilungsverfahren LB1 ($d = 2, Z = 6, b = 3$) erzielten Resultate. Neben Prozessorzahl und Problemgröße (Zahl der Unbekannten auf dem feinsten jeweils gerechneten Gitter) sind parallele Effizienz einer Iteration E_{IT}, numerische Effizienz E_{SOL} (Reduktionsfaktor 10^{-4}) und Gesamteffizienz E_{JOB} angegeben. Als Mehrgitterverfahren wurde mmg+sgs ($\nu_1 = \nu_2 = 1, \gamma = 1$) eingesetzt.

Die parallelen Effizienzen sind in guter Übereinstimmung mit dem Beispiel Modell, wenn man den Wachstumsfaktor von etwa 2.6 berücksichtigt. In E_{SOL} ist die schlechtere Konvergenzrate bei steigender Prozessorzahl mit einbezogen, so erhöhte sich im Fall $P = 64$ die Zahl der Iterationen auf dem feinsten Gitter von 5 auf 7.

E_{JOB} bewertet das gesamte Verfahren, beginnend nach dem Einlesen des Startgitters auf den ersten Prozessor. Wie die beiden letzten Spalten zeigen, nehmen die Lastverteilung T_{BAL} und der Lasttransfer T_{MIG} bei P=64 schon 35% der Gesamtrechenzeit in Anspruch. Die Gesamteffizienz sinkt dadurch auf unbefriedigende 15% ab. Der hohe Anteil des Lasttransfers an der Gesamtrechenzeit ist vor allem durch den kleinen Speicher vom 4MB pro Prozessor bedingt (davon stehen der Anwendung knapp 3MB zur Verfügung). Der Lasttransfer mußte deshalb oft in mehreren Schritten durchgeführt werden. Zur Illustration der Lastverteilung zeigt die Abbildung 6.18 (a)-(f) die Datenaufteilung der Ebenen 3 bis 8 für $P = 8$.

Paragon

Aufgrund des größeren Speichers pro Prozessor konnten auf der Intel Paragon wesentlich bessere Resultate, vor allem in der Gesamteffizienz erzielt werden. Außerdem wurde das Lastverteilungsverfahren LB2 eingesetzt, das zwar Aufteilungen mit ungünstigerem Kommunikationsverhalten erzeugt, dafür aber die Zahl der zu verschiebenden Elemente minimiert.

Die Ergebnisse für parallele und gesamte Effizienz sind in Tabelle 6.10 aufgeführt. Auf 64 Prozessoren läßt sich immerhin noch eine Gesamteffizienz von knapp 40% erzielen, die parallele Effizienz beträgt selbst auf 64 Prozessoren noch 70%. Die Spalten $T_{IT}(1)$ und $T_{JOB}(1)$ enthalten die mit Hilfe der Gesamtknotenzahl (nicht aufgeführt) extrapolierten Zeiten für einen Prozessor.

Da Effizienzberechnungen wegen der Extrapolation für $P = 1$ immer mit einem Fehler behaftet sind, gibt Tabelle 6.11 noch einen Skalierbarkeitsvergleich (d.h. konstante Last pro Prozessor). Betrachtet man eine Mehrgitteriteration, so dauert eine Iteration auf einem 70-mal so großen Problem auf 72 Prozessoren nur 1.5-mal länger. Bei der Gesamtrechenzeit steigt dieser Faktor auf 3 an.

Tab. 6.9 KONVEKTION, parallele Effizienz und Gesamteffizienz, Transputer.

P	j	N	T_{IT}	E_{IT}	T_{SOL}	E_{SOL}	T_{JOB}	E_{JOB}	T_{MIG}	T_{BAL}
1	6	4824	5.84	100	23.37	100	113	100	0	0
2	6	4824	3.12	94	12.48	94	68	84	4.0	0.9
4	7	12943	4.44	88	22.17	70	108	70	9.6	2.9
8	8	34174	5.96	85	29.80	85	160	62	15.3	5.9
16	8	34178	3.53	72	21.19	60	119	41	21.6	7.2
24	8	34178	2.99	57	17.94	47	106	31	21.4	8.9
32	9	62143	3.75	63	26.23	45	221	20	85.8	13.3
64	9	62161	2.64	46	21.16	33	144	15	42.1	15.5

6.5.3 Prozentuale Anteile

Eine weitere Untersuchungsmethode stellt die Betrachtung der prozentualen Anteile der einzelnen Komponenten des Algorithmus an der Gesamtrechenzeit dar. Der Beitrag von schlechter parallelisierbaren Anteilen sollte gegenüber den besser parallelisierbaren anwachsen, man erhält so einen relativen Vergleich der einzelnen Komponenten. Tabelle 6.12 zeigt die Ergebnisse für die Komponenten Assemblierung (ASS), Löser (SOL), Verfeinerung (REF), Fehlerschätzer (EST), Lastverteilung (BAL) und Lasttransfer (MIG). Abbildung 6.15 zeigt die Ergebnisse von Tabelle 6.12 in graphischer Form.

Die Assemblierung ist perfekt parallelisierbar, demnach sinkt ihr Anteil von anfänglich 47% auf unter 20% ab. Der Anteil des Lösers zeigt den absolut größten Zuwachs von allen Komponenten. Dies ist allerdings nur zum Teil auf schlechtere Parallelisierbarkeit zurückzuführen, da sich auch die Zahl der benötigten Iterationen erhöht. Die Verfeinerung selbst bleibt relativ konstant bei etwa 10%, der Anteil des Fehlerschätzers sinkt sogar leicht ab. Der Anteil für die Lastverteilung nimmt stetig zu, da diese Komponente einen rein seriellen Anteil darstellt. Relativ zeigt die Lastverteilung sogar den stärksten Anteil, so bedeutet der Anstieg von 0.8% ($P = 2$) auf 4.4% ($P = 72$) eine Verfünffachung. Lastverteilung und Lasttransfer haben bei $P = 72$ zusammen einen Anteil von 15% erreicht.

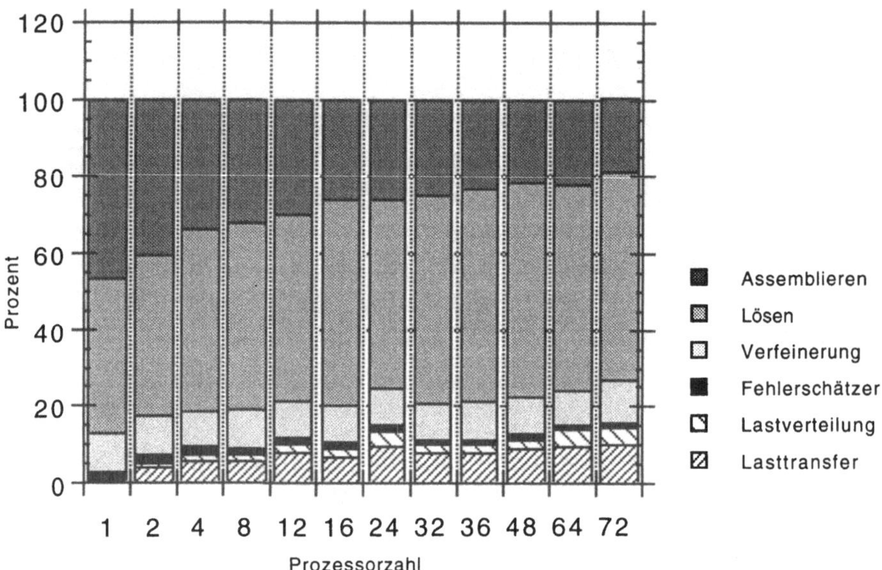

Abb. 6.15 Prozentuale Anteile der verschiedenen Komponenten an der Gesamtlaufzeit (Intel Paragon).

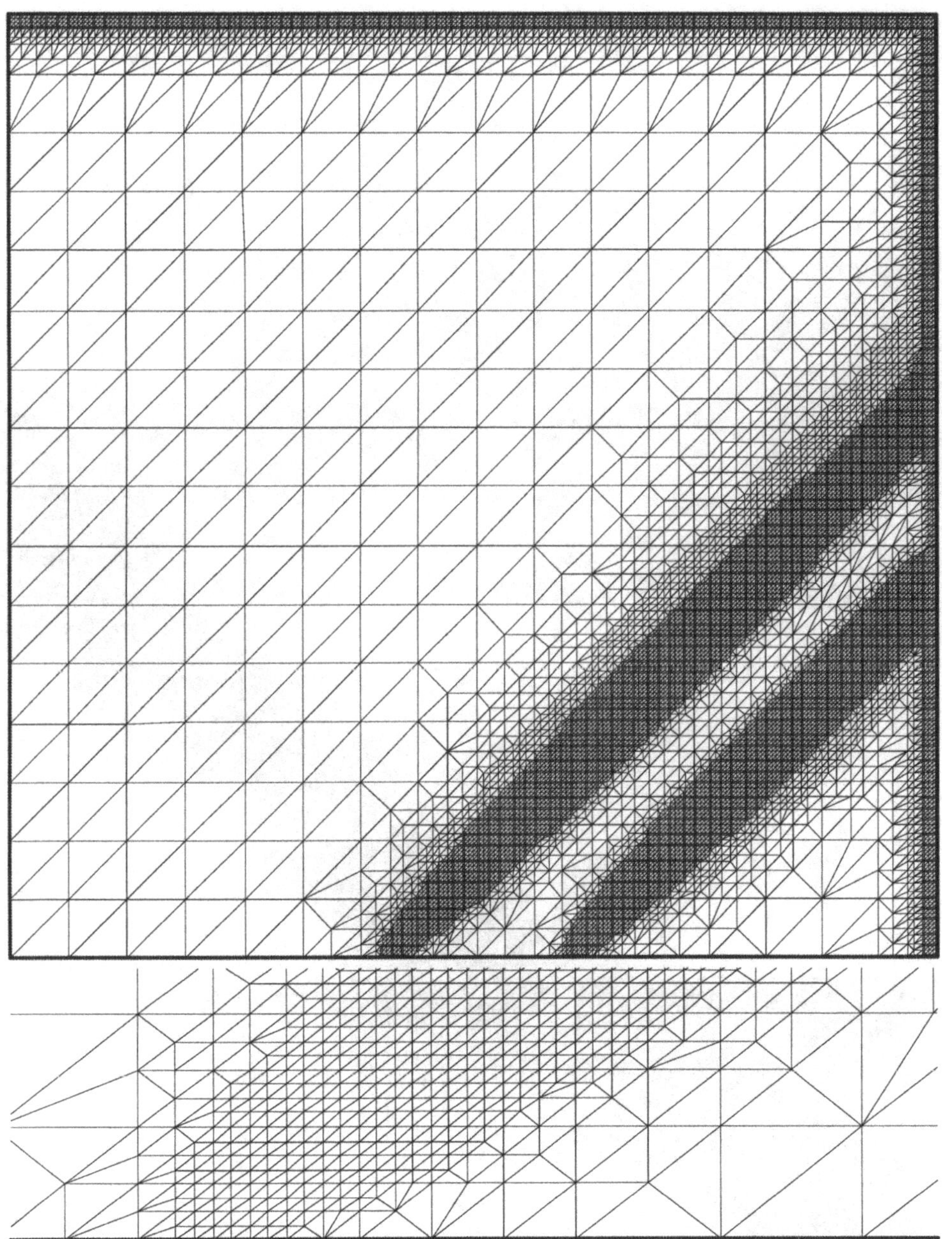

Abb. 6.16 Gitter mit Ausschnitt für das Problem KONVEKTION.

Abb. 6.17 Lösung mit Ausschnitt für das Problem KONVEKTION.

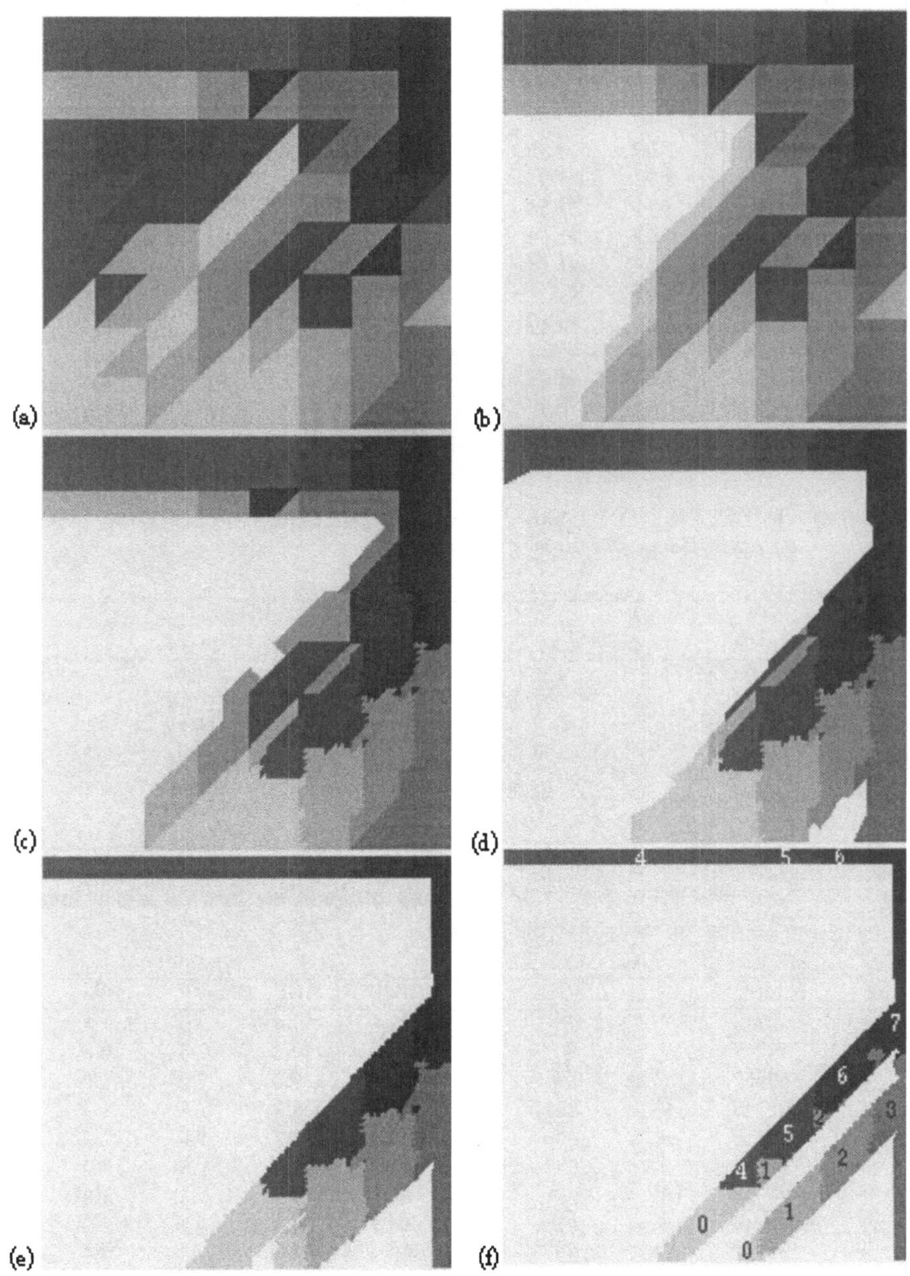

Abb. 6.18 Lastverteilung der Ebenen für das Problem KONVEKTION.

Tab. 6.10 KONVEKTION, Effizienzen für einen Mehrgitterzyklus auf dem feinsten Gitter, sowie Gesamteffizienz auf Intel Paragon.

Proz.	Knoten	$T_{IT}(p)$	$T_{IT}(1)$	E_{IT}	E_{THEO}	$T_{JOB}(p)$	$T_{JOB}(1)$	E_{JOB}
1	19213	3.26	3.26	100	100	48	48	100
2	19217	1.69	3.26	96	96	30	48	80
4	59557	2.72	9.95	92	94	53	146	69
8	191743	4.41	31.54	89	91	86	464	67
12	191732	3.09	31.54	85	91	63	464	61
16	191729	2.38	31.54	83	88	54	464	53
24	521035	4.24	85.16	84	90	104	1254	50
32	611744	3.96	99.41	79	87	91	1464	50
36	611757	3.72	99.41	74	85	89	1464	46
48	611720	2.96	99.41	70	86	73	1464	42
64	1396931	5.03	226.77	70	87	137	3339	38
72	1396969	5.02	226.77	63	80	144	3339	32

Tab. 6.11 KONVEKTION, Skalierbarkeitsvergleich für eine Iteration bzw. Gesamtverfahren auf Intel Paragon.

Größe	Prozessorzahl			
	1	8	24	72
Knoten (feinstes Gitter)	19213	191743	521035	1396696
Knoten (alle Stufen)	27536	266419	719354	1915445
Faktor (alle Stufen)	1	9.68	26.12	69.56
T_{IT}	3.26	4.41	4.24	5.02
T_{JOB}	48	86	104	144

Tab. 6.12 Prozentuale Anteile der verschiedenen Verfahrenskomponenten an der Gesamtlaufzeit T_{JOB}. Verfeinerung uniform bis Stufe 3 bei weniger als 64 Prozessoren, sonst bis Stufe 4.

Proz.	Knoten	j	T_{JOB}	ASS	SOL	REF	EST	BAL	MIG
1	19213	7	48	46.8	40.1	10.4	2.7		
2	19217	7	30	40.5	42.3	10.1	2.3	0.8	4.0
4	59557	8	53	33.6	47.6	9.4	1.9	1.6	5.9
8	191743	9	86	32.2	48.8	10.0	1.8	1.7	5.6
12	191732	9	63	29.8	48.8	9.7	1.7	2.2	7.8
16	191729	9	54	25.8	54.1	9.6	1.5	2.4	6.6
24	521035	10	104	25.8	49.8	9.4	1.5	4.3	9.3
32	611744	10	91	24.1	54.3	9.5	1.4	2.2	7.7
36	611757	10	89	23.4	55.4	9.9	1.3	2.2	7.9
48	611720	10	73	21.5	56.2	9.5	1.2	2.7	8.8
64	1396931	11	137	21.8	53.8	9.2	1.3	4.5	9.4
72	1396969	11	144	18.8	54.3	11.5	1.2	4.4	10.0

6.6 Beispiel EXAKT

6.6.1 Beschreibung

Als drittes Beispiel mit lokaler Verfeinerung betrachten wir das folgende Problem mit bekannter Lösung:

$$\Delta u = f \text{ in } \Omega = [0,1]^2 \ , \tag{6.12}$$

wobei f so gewählt wird, daß sich u als

$$u = \frac{1}{1 + e^{-200(r-0.8)}}, \qquad r = \sqrt{x^2 + y^2} \tag{6.13}$$

ergibt. Die Lösung ist radialsymmetrisch zum Ursprung und weist einen steilen Sprung bei $r = 0.8$ auf. Dies wird von einem Fehlerschätzer basierend auf dem Finite-Element-Residuum auch gut detektiert, wie das lokal verfeinerte Gitter in Abbildung 6.19 zeigt.

6.6.2 Effizienzvergleich

Alle Berechnungen für dieses Beispiel wurden auf dem Transputersystem durchgeführt. Tabelle 6.14 gibt eine Auflistung der erzielten parallelen Effizienzen für additives und multiplikatives Mehrgitterverfahren, wobei mit LB3 bzw. LB1 lastverteilt wurde. Allerdings sind hier die Unterschiede nicht so deutlich wie im Beispiel MODELL, beide Verfahren liefern in etwa gleich gute Effizienzen. Bei $P = 32$ liegen beide Verfahren noch deutlich über 70 Prozent. Die Rechenzeit T_{SOL} ist für das multiplikative Verfahren stets kleiner als für das additive Verfahren.

Eine etwas andere Sicht bietet Tabelle 6.13. Hier soll der Gewinn adaptiver Verfahren gegenüber uniformer Verfeinerung verdeutlicht werden. Bei uniformer Verfeinerung wird auf Stufe 8 ein Diskretisierungsfehler von 0.00154 in der Maximumnorm erreicht. Dieselbe Genauigkeit erreicht das adaptive Verfahren bereits mit 11% der Unbekannten. Da der Gewinn auf den gröberen Gittern weniger groß ist (auch im uniformen Fall wurde mit geschachtelter Iteration gearbeitet), ist der Gesamtgewinn auf einer Workstation 6.7. Im parallelen Fall kann man mit dem adaptiven Verfahren mit einem Viertel der Prozessoren (20 gegenüber 80) in der selben Zeit (107 s) eine gleichwertige Lösung erhalten. Tabelle 6.13 verwendete mmg+sgs ($\nu_1 = \nu_2 = 1, \gamma = 1$) als Löser, der geforderte Reduktionsfaktor war 10^{-4} pro Stufe und die Lastverteilung LB1 arbeitete mit den Parametern $d = 2, Z = 6$.

Es sei allerdings bemerkt, daß auch im uniformen Fall das gleiche Programm verwendet wurde. In dieser speziellen Situation wäre ein einfacheres Programm für strukturierte Gitter natürlich schneller (etwa um einen Faktor zwei bis drei), außerdem könnte bei diesem einfachen linearen Problem bei uniformer Verfeinerung auf die geschachtelte Iteration verzichtet werden, was bei großen Prozessorzahlen von Vorteil wäre. Der durchgeführte Vergleich erscheint aber fair, wenn man dabei an nichtlineare Probleme in komplexen Geometrien denkt, bei denen die erhöhte Funktionalität von UG erforderlich ist.

Die Abbildungen 6.20 und 6.21 zeigen die von LB1 und LB3 errechneten Lastverteilungen. Im Gegensatz zu den bisherigen Abbildungen ist hier jeweils die Aufteilung der *Oberfläche* der Gitterhierarchie in den verschiedenen Phasen der Adaption dargestellt. Es läßt sich also ermessen, wieviele Elemente in den Lastverteilungsschritten bewegt werden. Vergleicht man etwa 6.21(c) und 6.21(d), so erhält Prozessor 0 (der hellste Grauwert, in (c) links unten) ein komplett neues Gebiet zugewiesen. Dies zeigt ein Problem der Verfahren LB1 und LB3 bei der Anwendung auf höhere Prozessorzahlen: Die Begrenzung der Zahl der zu verschiebenden Elemente erfolgt nur implizit über die Verwendung der rekursiven Koordinatenbisektion.

Tab. 6.13 EXAKT, Vergleich von uniformer und lokaler Gitterverfeinerung, Transputer.

	uniform			adaptiv		
	$j=8, N=263169,$			$j=8, N=29262,$		
	$\|u - u_h\|_\infty = 1.54 \cdot 10^{-3}$			$\|u - u_h\|_\infty = 1.65 \cdot 10^{-3}$		
	IRIS	P=80	P=96	P=128	IRIS	P=8	P=16	P=20
T_{JOB}	468	109	98	84	77	176	123	107
T_{LB}		17.9	17.3	17.8		21.9	24.2	22.6

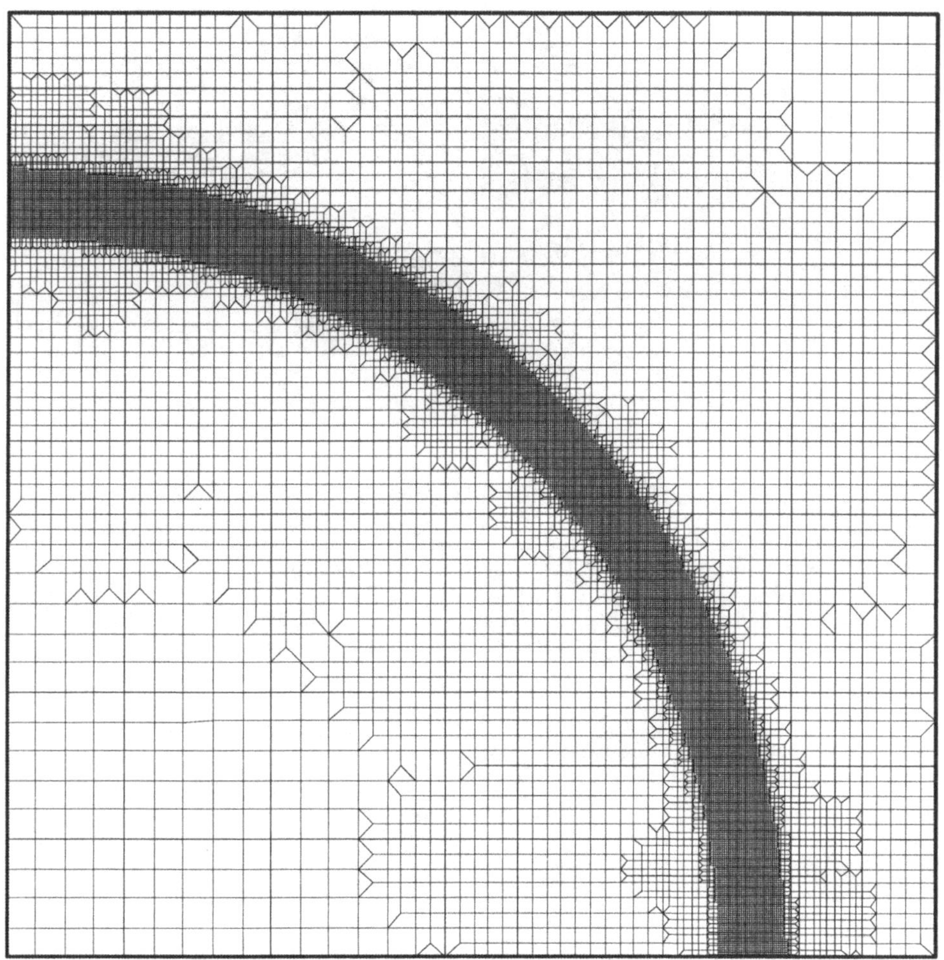

Abb. 6.19 Lokal verfeinertes Gitter für das Problem EXAKT.

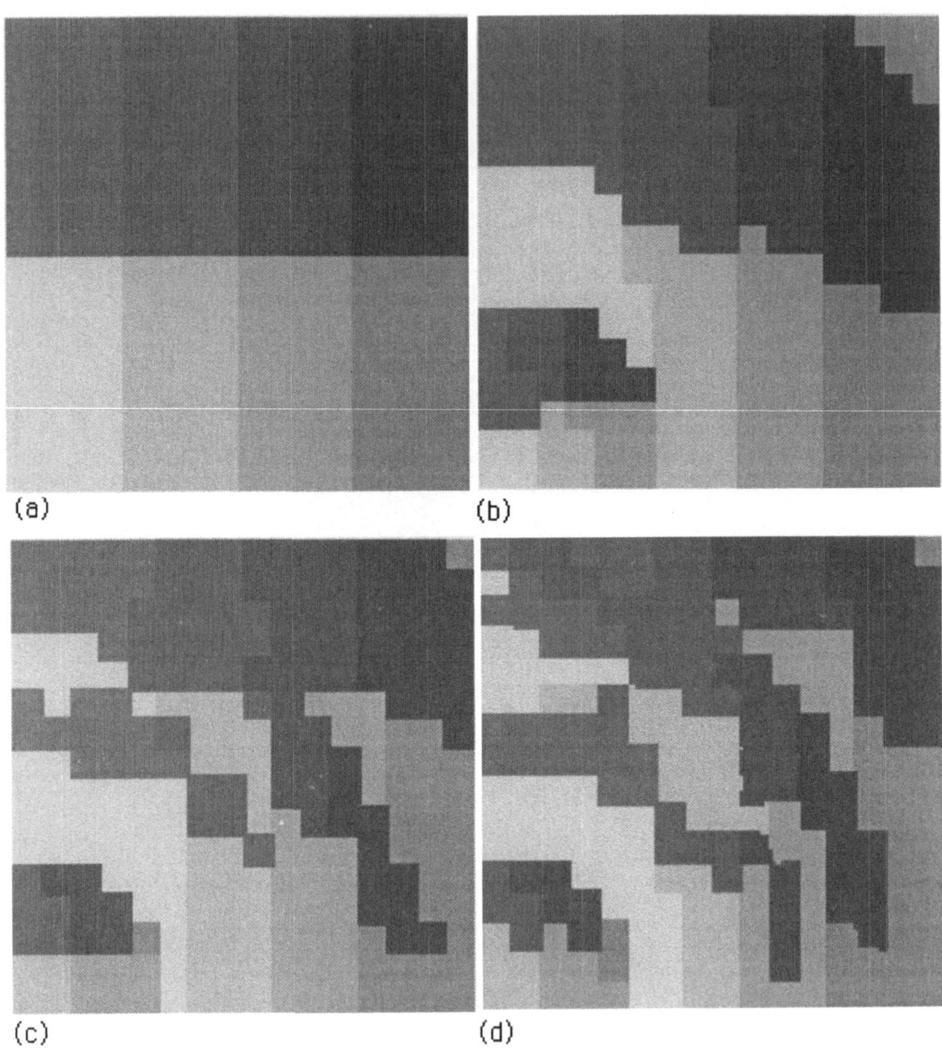

Abb. 6.20 EXAKT, Lastverteilung für LB1 und $j = 4$ (a), $j = 5$ (b), $j = 6$ (c), $j = 7$ (d).

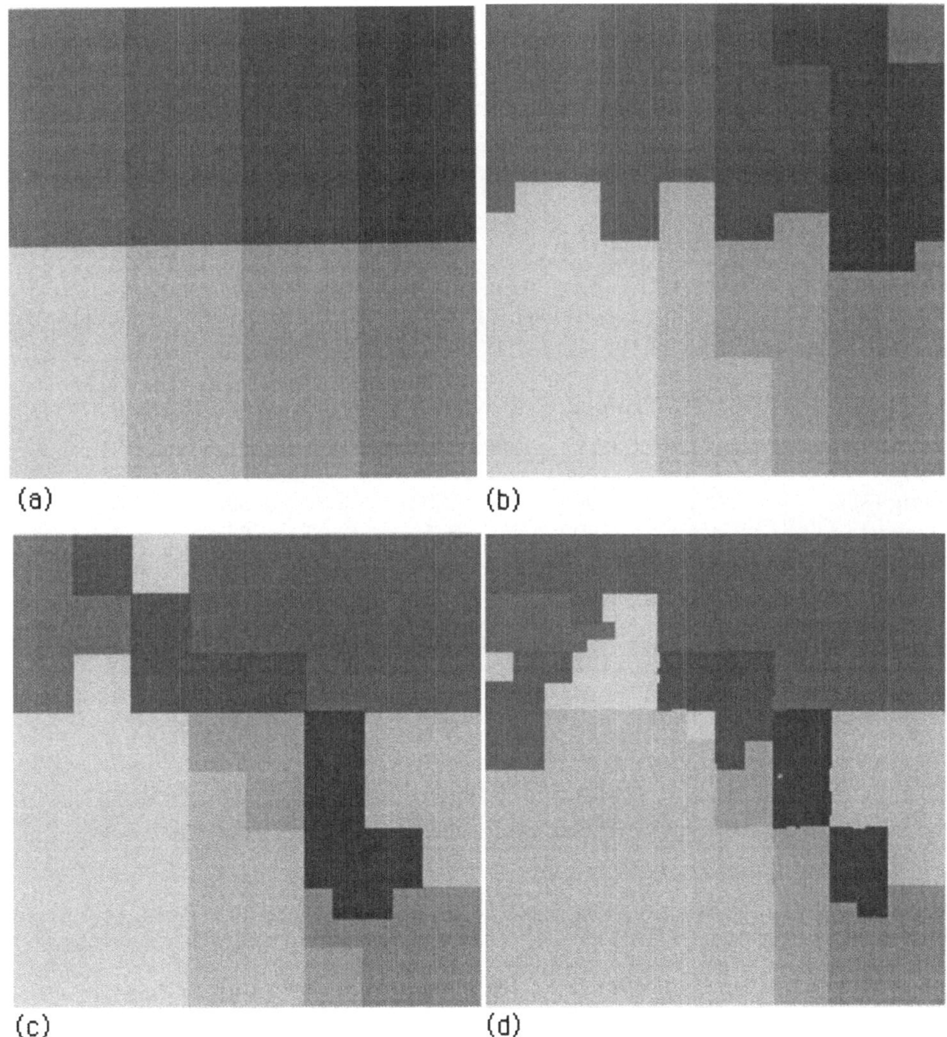

Abb. 6.21 EXAKT, Lastverteilung für LB3 und $j = 4$ (a), $j = 5$ (b), $j = 6$ (c), $j = 7$ (d).

Tab. 6.14   EXAKT, Effizienzvergleich für additives und multiplikatives Mehrgitterverfahren.

Methode	Proz.	Knoten feinstes G.	Knoten alle Stufen	$T_{IT}(p)$	E_{IT}	Anz. It. 10^{-4}	T_{SOL}
LB1	1	1089	1493	1.22	100	3	3.7
mmg+sgs	2	3502	4894	2.24	89	5	11.2
$\nu_1 = \nu_2 = 1$	4	5900	8759	2.15	83	5	10.7
	8	11611	17420	2.30	77	5	11.5
	16	29226	43001	2.87	77	5	14.3
	32	83566	120073	4.17	74	5	20.8
LB3	1	1089	1493	0.95	100	8	7.6
cg+amg+sgs	2	3502	4894	1.71	91	9	15.4
$\nu = 1$	4	5892	8749	1.61	87	9	14.5
	8	11603	17410	1.71	81	9	15.4
	16	29215	42984	2.16	79	9	19.5
	32	83563	120067	3.14	76	9	28.3

6.7 Abschließende Bewertung der Ergebnisse

Wir wollen nun versuchen, die Fragen aus dem einleitenden Abschnitt dieses Kapitels zu beantworten.

1. Die Ergebnisse aus dem Beispiel KAMMER zeigen, daß Mehrgitterverfahren auf unstrukturierten, uniform verfeinerten Gittern mit guter Effizienz parallelisiert werden können. Die parallele Effizienz für eine Mehrgitteriteration liegt für $P = 64$ bei etwa 75%.

2. Die vorgestellten numerischen Verfahren sind wegen des einfachen Block-Jacobi-Glätters nicht im strengen Sinne robust. Im praktischen Einsatz beim Problem KAMMER hat sich die Kombination cd+mmg+sgs als recht guter Kompromiß bewährt. Im Fall der Konvektions-Diffusions-Gleichung wurden gute Konvergenzraten erzielt (4 bis 7 Iterationen für 10^{-4} Reduktion), was aber vor allem durch die starke numerische Diffusion der einfachen Diskretisierung erster Ordnung bedingt sein dürfte.

3. Zu den Effizienzen im Fall lokaler Gitterverfeinerung sei auf die Tabelle 6.15 verwiesen. Sie zeigt, daß über mehrere Probleme hinweg eine Effizienz für eine Iteration von 64% bis 77% bei $P = 16$ und 46% bis 55% bei $P = 64$ erzielt werden konnte (Zahlen für Transputersystem). Der Vergleich gegenüber globaler Verfeinerung zeigt, daß bei 64 Prozessoren mit einem Abfall der Effizienz um etwa 25% gerechnet werden muß. Akzeptable Gesamteffizienzen konnten nur auf der Intel Paragon erzielt werden, da dort genügend Speicher pro Prozessor zur Verfügung steht (38% auf 64 Prozessoren).

4. Insbesondere die ausführlichen Betrachtungen für das Beispiel KONVEKTION führen zu dem Schluß, daß für lineare, skalare Aufgaben auf der Intel Paragon bis zu 72 Prozessoren sinnvoll eingesetzt werden können. Denkt man an die Lösung nichtlinearer Systeme partieller Differentialgleichungen, so wird sich sowohl die Effizienz einer Iteration erhöhen (mehr Operationen pro Kommunikation, perfekte Parallelisierung der Diskretisierungs- und Linearisierungphase) als auch das Verhältnis von Aufwand im Löser zu Aufwand in der Lastverteilung günstig verändern. Hier steht dem Einsatz von 128 oder 256 Prozessoren mit den hier vorgestellten Techniken nichts im Wege.

5. Speziell die Untersuchungen auf dem NORDSEE-Gitter zeigen, daß der Minimierung der Prozessorränder keine zu große Rolle beigemessen werden

Tab. 6.15 Effizienzvergleich für verschiedene Beispiele, multiplikatives Mehrgitter, T800.

Problem	Löser	Prozessorzahl					
		2	4	8	16	32	64
KAMMER	cg+mmg+djac		87		81		74
MODELL $w = 3$	mmg+djac		86		76	62	47
MODELL $w = 2$	mmg+djac		78		64	59	55
KONVEKTION	mmg+sgs	94	88	85	72	63	44
EXAKT	mmg+sgs	89	83	77	77	74	

sollte. Sekundäre Effekte wie etwa Cache-Nutzung oder Konvergenzratenverschlechterung können größere Unterschiede bewirken. Eine genaue Lösung des Lastverteilungsproblems ist nur im Fall statischer Gitter und zeitvarianter Probleme zu empfehlen, da dann das Verhältnis von Lösungszeit zu Lastverteilungszeit deutlich höher ist als im dynamisch adaptiven Fall.

6. Bei allen Untersuchungen (KAMMER, MODELL, EXAKT) war das additive Mehrgitterverfahren dem multiplikativen Verfahren in der Gesamtrechenzeit unterlegen, außer bei extrem lokaler Verfeinerung. In diesem Fall war allerdings das multiplikative Verfahren sehr ineffizient (25%). Für lokale Verfeinerung mit Wachstumsfaktor nahe 1, etwa im Fall von Punktsingularitäten, scheint die Verwendung eines Parallelrechners ohnehin übertrieben. Für den Bereich der Strömungsmechanik liegen die Wachstumsfaktoren etwa zwischen 2 und 3.

6.8   Zusammenfassung und Ausblick

Ziel der Arbeit war die Erstellung einer vollständigen, parallelen Implementierung adaptiver Mehrgitterverfahren für unstrukturierte, lokal verfeinerte Gitter in zwei Raumdimensionen. Damit sich der hohe Programmieraufwand lohnt, wurde großer Wert darauf gelegt, die Gesamtaufgabe klar zu strukturieren und die einzelnen Komponenten sehr flexibel zu gestalten. Dies führte zur Entwicklung des Programmbaukastens UG, der inzwischen die Grundlage vieler weiterer Projekte geworden ist.

Algorithmischer Schwerpunkt der Arbeit war die Entwicklung dynamischer Lastverteilungs- und Lastverschiebemechanismen für additive und multiplikative Mehrgitterverfahren. Bei der Entwicklung der Verfahren wurde vor allem auf eine hohe Gesamteffizienz des adaptiven Algorithmus einschließlich der Lastverteilung geachtet. Schlüssel der Lastverteilungsalgorithmen war eine starke Reduktion der Komplexität durch Clustering von Elementen mit Hilfe der Elementhierarchie. Für die Lastverteilungsverfahren bei additiven Mehrgitterverfahren konnte auch gezeigt werden, daß die Aufteilung asymptotisch optimal ist, d. h. bei fester Prozessorzahl und einem Gitterwachstumsfaktor größer zwei strebt die parallele Effizienz gegen eine Konstante beliebig nahe bei 1.

Die Effizienzen für einen Zyklus des Mehrgitterverfahrens lagen bei lokaler Gitterverfeinerung über mehrere Probleme hinweg bei etwa 75% auf 16 Prozessoren und 50% bei 64 Prozessoren (Transputersystem). Aufgrund des höheren Speicherausbaus der Intel Paragon konnten dort sogar 70% Effizienz auf 64 Prozessoren für ein lokal verfeinertes Problem (KONVEKTION) erzielt werden. Die totale Effizienz vom Start des Programmes mit einem Gitter bestehend aus 8 (!) Dreiecken bis zum Erreichen der Lösung auf dem feinsten Gitter (etwa 1.4 Mio. Unbekannte) betrug dabei immerhin noch 38%. Hierbei wurde auch die Lastverteilung mit berücksichtigt. Die Gesamtrechenzeit lag bei 137 Sekunden für diesen Lauf. Berücksichtigt man noch, daß hierbei nur eine einfache skalare Gleichung gelöst wurde, so steht einer effizienten Parallelisierung komplexerer Aufgabenstellungen nichts im Wege.

Durch den modularen Aufbau des UG Systemes können nun mit wenig Aufwand numerische Verfahren aus der seriellen Version übernommen werden. So ist eines der nächsten Ziele die Parallelisierung, der von Henrik Reichert [86] entwickelten Löser für die Navier-Stokes-Gleichungen. Inzwischen wurde das UG-System auch auf drei Raumdimensionen erweitert und die Erstellung einer seriellen Version, die alle in Kapitel 4 aufgestellten Forderungen erfüllt, steht kurz vor dem Abschluß. In einer gemeinsamen Arbeit mit Klaus Birken [23] wurden die Lastverschiebemechanismen für komplexe Datenstrukturen in einer abstrakten Form definiert und völlig neu implementiert. Dies wird die Grundlage einer Parallelisierung der 3D Version sein.

Neben diesen informatikorientierten Projekten darf die Numerik jedoch nicht vernachlässigt werden. Hier steht die Entwicklung paralleler *und* robuster Mehrgitterverfahren auf unstrukturierten Gittern im Vordergrund. Der entscheidende Durchbruch steht hier zwar noch aus, aber neue Entwicklungen im Bereich der algebraischen Mehrgitterverfahren [84] und der filternden Zerlegungen [105] lassen hier hoffen.

Das Endziel dieser Aktivitäten muß jedoch der Einsatz der Techniken zur Lösung ingenieurmässiger Anwendungen sein. Dafür bietet das Programmsystem UG optimale Voraussetzungen.

A Übersicht über Lastverteilungsverfahren

1.1 Einige Begriffe

Statische und dynamische Lastverteilung

Williams [102] unterscheidet vier verschiedene Arten der Lastverteilung. In den einfachsten Fällen, wie etwa bei strukturierten, rechteckigen Gittern läßt sich das Lastverteilungsproblem *durch Anschauung* lösen. Bei unstrukturierten Gittern, die sich im Verlauf der Rechnung aber nicht verändern, ist eine einmalige Aufteilung vor Beginn der Rechnung ausreichend, man spricht von *statischer Lastverteilung*. Ändert sich die Last der einzelnen Prozessoren zur Laufzeit, so spricht man von *dynamischer Lastverteilung*. Adaptive Finite-Element-Verfahren sind in gewisser Beziehung ein Spezialfall, da sich die Last in den Prozessoren nur zu bestimmten, relativ seltenen Zeitpunkten ändern kann. Man spricht dabei auch von *quasistatischer* oder *iterativer statischer* Lastverteilung.

Zentrale und verteilte Lastverteilung

In einem *zentralen* Lastverteilungsschema gibt es eine Komponente, die globale Zustandsinformation von allen Prozessoren besitzt und diese zur Lastverteilung benutzt. In einem dezentralen Schema dagegen kennt jeder Prozessor nur den Zustand in einer lokalen Umgebung. Diese Eigenschaft bestimmt entscheidend die Skalierbarkeit des Lastverteilungsverfahrens.

Synchrone und asynchrone Lastverteilung

In einem synchronen Netzwerk von Prozessoren hat jeder eine Uhr, und alle Uhren sind im Takt, d.h. das Netzwerk hat eine globale Zeit. In einem asynchronen Netzwerk gibt es keine globale Zeit. Diese Unterscheidung ist für unsere Anwendungen weniger von Bedeutung.

Oberfläche und Volumen

Die Größe $s(m)$ im GAP bezeichnet man als Oberfläche der Aufteilung. Die parallele Effizienz eines Iterationsverfahrens hängt im wesentlichen von dem Verhältnis $s(m)/|V_1|$ ab. $|V_1|$ wird in diesem Zusammenhang als Volumen der Aufteilung bezeichnet. Eine Aufteilung durch Einfärbung (siehe z.B. [70]), wie sie sich für Rechner mit gemeinsamen Speicher anbietet, ist deshalb für Rechner mit verteiltem Speicher nicht empfehlenswert.

Clustering

Ist im GAP $|V_1| \gg |V_2|$, so wird eine gute Lösung (kleines Verhältnis Oberfläche zu Volumen) versuchen, möglichst viele in G_1 benachbarte Knoten auf einen Knoten aus G_2 abzubilden. Ein Cluster ist eine Zusammenfassung von benachbarten Knoten zu einer Gruppe. Alle Knoten eines Clusters werden immer gemeinsam auf einen Knoten in V_2 abgebildet. Die Cluster c bilden die Menge der Cluster C und $m' : V_1 \to C$ beschreibt formal den Clustering-Prozess. Durch diese Vorverarbeitung ergibt sich ein GAP mit reduzierter Komplexität, wobei der Graph $G_1' = (C, E_1')$ auf G_2 abgebildet werden muß. E_1' ergibt sich durch

$$(c, c') \in E_1' \Leftrightarrow \exists (v, v') \in E_1 : m'(v) = c \wedge m'(v') = c' \ .$$

Man erhält die Kette von Abbildungen

$$G_1 \overset{m'}{\to} G_1' \overset{m}{\to} G_2 \ .$$

Die Cluster lassen sich billig mit lokalen Heuristiken erzeugen. Gilt $|V_1| \gg |C| \gg |V_2|$ und weisen die Cluster selbst schon ein günstiges Verhältnis von Oberfläche zu Volumen aus, so ist nur mit sehr geringen Einbußen in der Qualität der Gesamtabbildung von G_1 nach G_2 zu rechnen.

1.2   Verfahren der diskreten Optimierung

Hierunter verstehen wir Verfahren, die in der Lage sind das Minimum eines gegebenen Kostenfunktionals zu finden. Diese Verfahren könnten somit sowohl zur Lastverteilung für Eingitterverfahren als auch für Mehrgitterverfahren verwendet werden.

1.2.1 Exakte Verfahren

Hierunter verstehen wir eine komplette Aufzählung aller durch die Nebenbedingungen zugelassenen Möglichkeiten (Abbildungen m). Da die Zahl dieser Möglichkeiten exponentiell mit der Größe des Problems wächst, sind diese Verfahren nur für sehr kleine Graphen geeignet. Nach einem Beispiel aus [62] gibt es bei der Abbildung eines Graphen mit 40 Knoten auf einen mit 10 Knoten schon mehr als 10^{20} Möglichkeiten! Selbst mit Heuristiken zur Begrenzung der Suchbäume (*branch and bound*) sind diese Verfahren für unsere Zwecke absolut unbrauchbar.

1.2.2 Nichtdeterministische Heuristiken

Dies ist eine Klasse von Verfahren, die zur Zeit intensiv untersucht wird. Vertreter sind *Simulated Annealing* (SA), *Genetische Algorithmen* (GA), und *Neuronale Netze*. Sie alle haben das Kennzeichen, daß die Wahrscheinlichkeit, eine Lösung in einer vorgegebenen Umgebung des Optimums zu finden, mit der investierten Rechenzeit ansteigt.

Bei SA ([1], [102], [43], [3], [90]) wird mit Hilfe eines Zufallsgenerators eine gegebene Lösung leicht verändert. Führt die Veränderung zu einer Verbesserung im Kostenfunktional, so wird sie in jedem Fall akzeptiert, andernfalls nur mit einer gewissen Wahrscheinlichkeit. Die Wahrscheinlichkeit, Verschlechterungen zu akzeptieren, wird im Verlauf der Rechnung langsam erniedrigt, man spricht von *Abkühlen*. Je langsamer das Abkühlen erfolgt desto näher liegt die Lösung am Optimum.

Genetische Algorithmen ([74], [79], [42]) basieren auf einem Modell der Evolution. Nach Darwin sind die zentralen Mechanismen der Evolution die Vervielfältigung, die Mutation und die Selektion. Angewandt auf das Lastverteilungsproblem bedeutet dies, daß aus einer gegebenen Menge von Abbildungen (Individuen) neue Abbildungen mit zufallsgesteuerten Veränderungen erzeugt werden (Vervielfältigung und Mutation). Der Wert des Kostenfunktionals für eine Abbildung beeinflußt dann deren Lebensfähigkeit (Fitness) und damit Fortpflanzungsfähigkeit der neuen Abbildungen.

SA wurde in [102], [43], [95] bereits auf das Graphabbildungsproblem angewandt. GA speziell zur Lastverteilung wurden in [79] und [42] vorgeschlagen. Der große Nachteil beider Verfahren ist der hohe Zeitbedarf. So berichtet Williams in [102] von Laufzeiten zwischen 25 und 230 Minuten (NCUBE/10) für die Lastverteilung mit SA in einem adaptiven Verfahren zur Lösung der Laplacegleichung. Das feinste Gitter hatte dabei 5772 Dreiecke. In [42] wird für GA eine Laufzeit von 75 bis 110 Sekunden (DecStation 5000/200) für ein Gitter mit 256 Knoten berichtet. Zum Vergleich: Die in dieser Arbeit entwickelte Implementierung benötigt zur Lösung der Laplacegleichung (Reduktion 10^{-6}) mit 64 Prozessoren (T800) auf 128000 Dreiecken (entsprechend 64000 Unbekannten) ca. 7 Sekunden. Damit sind die Verfahren dieser Klasse für die hier auftretende Problemstellung wenig geeignet.

1.2.3 Deterministische Heuristiken

Ausgehend von einer gegebenen Lösung wird eine mehr oder weniger große und je nach Algorithmus verschieden gewählte "Umgebung" der aktuellen Lösung nach dem größten Gewinn im Kostenfunktional abgesucht. Ist kein Gewinn mehr möglich, so bricht das Verfahren ab, ansonsten wird die Änderung mit dem maximalen Gewinn akzeptiert. Die von solchen Verfahren gelieferte Lösung bezeichnet man als lokales Minimum relativ zur Wahl der Umgebung. Erlaubt man dem Verfahren, mehrere Umgebungen voraus zu suchen und dazwischen auch vorübergehend Verschlechterungen zu akzeptieren, so spricht man von der *hill climbing* Eigenschaft. Ein Verfahren mit dieser Eigenschaft ist das weiter unten beschriebene KL-Verfahren (für das Graphabbildungsproblem).

Weitere Verfahren dieser Klasse sind die sog. *greedy*-Verfahren (siehe z.B. [38],[39]), bei denen das zu lösende Problem in Teilschritte zerlegt wird und in jedem Teilschritt ein lokales Optimum akzeptiert wird. Einmal akzeptierte Schritte können *nicht* rückgängig gemacht werden.

1.3 Verfahren zur Lösung des Graphabbildungsproblems

Hier unterscheiden wir zwischen Verfahren, die auf rekursiver Bisektion basieren, und solchen, die direkt eine Aufteilung in mehr als 2 Partitionen vornehmen können.

1.3.1 Bisektionsverfahren

Der Bisektionsalgorithmus wurde bereits in Abschnitt 5.3 vorgestellt. Wir beschränken uns hier somit auf die Angabe zweier weiterer Ordnungsalgorithmen.

1.3.1.1 Graphorientierte Bisektion (RGB)

RCB erzeugt akzeptable Aufteilungen bei einfachen, konvexen Gebieten mit relativ uniformen Gittern. Im Fall komplex berandeter Gebiete oder starker lokaler Verfeinerung macht sich bemerkbar, daß der Abstand zweier Knoten im $\mathbf{R}^2$ keine gute Näherung mehr für den Abstand im Graphen ist. Daher liegt es nahe, den Abstand im Graphen selbst zu verwenden.

Die graphorientierte Bisektion geht in zwei Schritten vor. Im ersten Schritt werden zwei Knoten bestimmt, die im Graphen einen möglichst großen Abstand voneinander haben. Einen dieser Knoten erklärt man zum Startknoten. Ausgehend vom Startknoten wird dann im zweiten Schritt der Abstand aller übrigen Knoten zum Startknoten bestimmt, der dann als Sortierkriterium in order dient. Genaue Strategien werden in [43] angegeben und Vergleiche mit anderen Methoden findet man in [92] und [59].

Die asymptotische Komplexität des Verfahrens ist $O(N)$ ($N = |V|$), allerdings ist die Konstante größer als bei RCB, so daß sich der Vorteil erst bei größeren Gittern bemerkbar macht.

1.3.1.2 Spektrale Bisektion (RSB)

Die Spektralbisektion ist zur Zeit die populärste Methode zur Bisektion von Graphen. Theorie und Praxis sind in [102], [83] und [92] ausführlich beschrieben. Weitere Einzelheiten und Vergleiche finden sich in [55], [59], [99], [69], [11].

Wir wollen hier das Vorgehen nur knapp beschreiben. Zu einem gegebenem Graphen $G = (V, E), |V| = N$ definiert man die *Laplacematrix* $L(G)$:

$$(L(G))_{i,j} = \begin{cases} \text{degree}(v_i) & i = j \\ -1 & (v_i, v_j) \in E \\ 0 & \text{sonst} \end{cases} , \qquad (A.1)$$

wobei degree(v) die Zahl der Nachbarn des Knoten v ist. Nun ordnet man jedem Knoten $v_i \in V$ eine Zahl $x_i \in \{-1, 1\}$ zu mit der Idee, daß x_i die Zuordnung des Knotens zu einer der beiden Partitionen beschreibt. Mit dem Vektor $x = (x_0, \ldots, x_{N-1})^T$ läßt sich das Graphbisektionsproblem umformulieren in (siehe [56]):

$$
\text{Minimiere} \quad \tfrac{1}{4} x^T L(G) x
$$

$$(A.2)$$

$$
\text{unter der NB} \ \sum_{i=0}^{N-1} x_i = 0, \ \ x_i \in \{-1, 1\}
$$

Die Idee der spektralen Bisektion ist nun, das Optimierungsproblem (A.2) nicht für $x_i \in \{-1, 1\}$, sondern für $x_i \in \mathbf{R}$ zu lösen und dann die reellen Werte wieder geeignet auf $\{-1, 1\}$ abzubilden. Das kontinuierliche Optimierungsproblem kann man geschlossen lösen. Unter der Voraussetzung, daß G zusammenhängend ist, lautet die Lösung

$$
x = \sqrt{N} e_2 \, ,
$$

$$(A.3)$$

wobei e_2 der Eigenvektor zum zweitkleinsten Eigenwert von $L(G)$ ist. Die Werte x_i, d.h. die (skalierten) Komponenten von e_2 dienen dann wieder als Sortierkriterium in der order Funktion. Pothen et al. [83] geben an, daß nur eine feste Zahl von Lanczos-Iterationen erforderlich ist, um eine Approximation genügender Genauigkeit an e_2 zu erhalten. In der Praxis ist die Berechnung des Eigenvektors der entscheidende Beitrag zur Rechenzeit, da nach [83] bis zu 300 Lanczos Iterationen zur Bestimmung des Eigenvektors notwendig sind. Walshaw-Berzins [99] berichten, daß RSB etwa 20 mal mehr kostet als RCB bei einem sehr kleinen Gitter mit 867 Dreiecken. Die Eigenvektorberechnung kann durch Parallelisierung ([69]) und Mehrgittertechniken ([11]) beschleunigt werden.

1.3.1.3 Kernighan-Lin-Verfahren (KL)

Dabei handelt es sich um ein deterministisches Optimierungsverfahren mit der hill-climbing-Eigenschaft. Eine gegebene Lösung wird iterativ verbessert, bis ein lokales Minimum gefunden wird. Da KL nicht in der Lage ist, in sinnvoller Weise eine totale Ordnung zu erzeugen, verlassen wir den Rahmen von Algorithmus 5.1 und beschreiben nur *einen* Bisektionsschritt im folgenden Algorithmus.

Algorithmus A.1 Kernighan-Lin. Die folgende Prozedur teilt einen gegebenen Graphen $G = (V, E)$ mit $|V| = N = 2n$ in zwei Partitionen A und B der Größe n.

```
KL (V, E)
{
    erzeuge initiale Partitionierung
```
$$V = A \cup B, A \cap B = \emptyset, |A| = |B| = n;$$
```
    while (1) {
```
$$A' = B' = \emptyset;$$
```
        for (i = 1; i ≤ n; i = i + 1) {
            wähle
```
$a_i \in A \setminus A'$ und $b_i \in B \setminus B'$ so daß
$$g_i = \{|(A \times B) \cap E| - |(A \cup \{b\} \setminus \{a\} \times B \cup \{a\} \setminus \{b\}) \cap E|\} \to \max;$$
$$A' = A' \cup \{a\}; B' = B' \cup \{b\};$$
```
        }
```
Wähle k so, daß $G = \sum_{i=1}^{k} g_i \to \max$;
if ($G \le 0$) break;
$$A = A \cup \{b_1, \ldots, b_k\} \setminus \{a_1, \ldots, a_k\};$$
$$B = B \cup \{a_1, \ldots, a_k\} \setminus \{b_1, \ldots, b_k\};$$
```
    }
}
```

Der Elementarschritt des KL-Algorithmus besteht aus dem Austausch eines Knotens a_i aus der Partition A mit einem Knoten b_i aus der Partition B unter Maximierung der Verbesserung g_i im Kostenfunktional. Entscheidend ist, daß $g_i \le 0$ durchaus erlaubt ist an dieser Stelle. Die beiden Knoten a_i, b_i werden bei weiteren Vertauschungsschritten nicht mehr berücksichtigt, so daß die innere Schleife genau n mal durchlaufen wird. Dann wird diejenige Folge von Vertauschungsschritten bestimmt, die den Gesamtgewinn maximiert. Nun muß allerdings der Gewinn positiv sein, ansonsten wurde das lokale Minimum erreicht.

Die empirisch bestimmte Komplexität des Verfahrens beträgt $O(N^{2.4})$ (siehe [62]) und ist somit die höchste aller betrachteten Bisektionsverfahren. Ein

Vergleich von KL mit RSB in [83] ergab, daß beide Verfahren Aufteilungen gleicher Qualität erzeugen. Neuere Arbeiten zum KL-Verfahren beschäftigen sich mit einer Parallelisierung des Algorithmus (siehe [45], [90]). Da Verfahren wie RGB oder RSB mehr globalen und KL mehr lokalen Charakter hat, ist eine Kombination beider Verfahren von Vorteil [57].

1.3.2   Direkte Aufteilung in mehr als zwei Partitionen

Das KL-Verfahren wurde schon in der Originalarbeit [62] zur Erzeugung von K Partitionen vorgeschlagen. Dazu wird eine anfängliche Aufteilung in K gleichgroße Teile erzeugt und dann Algorithmus A.1 iterativ auf Paare von Partitionen angewandt. Dadurch wird näherungsweise ein paarweises Optimum erreicht. Natürlich kann man jede Ausgabe eines rekursiven Bisektionsverfahrens dieser Prozedur unterziehen, dabei könnte man sogar noch das Verbindungsnetzwerk des Multiprozessors in die Optimierung mit einbeziehen.

In [87] wird ein Verfahren zur Erzeugung von $n \times m$ Partitionen für die Klasse der *Gittergraphen* beschrieben. Bei einem Gittergraphen sind die Positionen der Knoten auf die Koordinaten $\mathbf{Z} \times \mathbf{Z}$ beschränkt, und der Abstand zweier benachbarter Knoten beträgt immer 1. Es handelt sich demnach um strukturierte Gitter mit komplexer Berandung. Die Besonderheit des Verfahrens ist, daß die Abbildung auf ein $n \times m$ Prozessorfeld betrachtet wird, wobei Kommunikation nur zwischen benachbarten Prozessoren erlaubt ist. Dies ist nur möglich, wenn auf exaktes Lastgleichgewicht verzichtet wird. Die Problemstellung entspricht somit nicht genau der des Graphabbildungsproblems. In der Nachfolgearbeit [88] wird versucht die Nächste-Nachbar-Abbildung und eine gute Lastverteilung durch ein KL ähnliches Optimierungsverfahren zu erreichen.

Eine andere, in die Klasse der *Greedy*-Verfahren gehörige Methode wird in [36] beschrieben. Das Verfahren beginnt mit einem Knoten mit maximalem Grad und ordnet ihn Prozessor 0 zu. Die Nachbarn des Startknotens werden in eine Warteschlange Q eingeordnet. Solange Q noch Knoten enthält wird immer der mit maximalem Grad ausgewählt und einem Prozessor zugeordnet und zwar so, daß (1) nur Kommunikation zwischen benachbarten Prozessoren erforderlich ist und (2) die Lastgleichheit möglichst gut erfüllt ist.

Eine direkte Aufteilung in mehr als zwei Partitionen nehmen auch die Modifikationen von RSB nach [56] vor. Unter Hinzunahme eines bzw. zweier weiterer Eigenvektoren können direkte Aufteilungen in vier bzw. acht Teile erzeugt werden. Nach [56] hat dies Vorteile sowohl hinsichtlich der Qualität als auch der Laufzeit des Lastverteilungsverfahrens.

1.4 Diffusionsverfahren

Alle bisher betrachteten Methoden sind in die Klasse der zentralen Lastverteilungsverfahren einzuordnen und somit nicht beliebig skalierbar. Unsere praktischen Erfahrungen zeigen, daß die Verfahren aber auf etwa hundert Prozessoren sicher sinnvoll einsetzbar sind. Das nun vorgestellte Verfahren ist dezentral und muß eventuell für wesentlich größere Prozessorzahlen in Betracht gezogen werden.

Im Diffusionsverfahren werden alle Teilprobleme zunächst als völlig entkoppelt betrachtet (keine Beachtung der Kommunikation) und nur noch eine Lastgleichheit hergestellt (im Rahmen zentraler Lastverteilungsverfahren ist diese Aufgabe trivial!). Die Schwierigkeit besteht darin, daß in der Lastverteilungsphase ein Prozessor p nur noch mit einer lokalen Umgebung von Prozessoren kommunizieren darf. Cybenko [40] hat dieses Problem in einer allgemeinen Form bearbeitet. Sei w_i^t die Last, die der Prozessor i in der Iteration t (des Lastverteilungsverfahrens) hat. Zwei im Netzwerk verbundene Prozessoren i und j gleichen ihre Last proportional zu ihrer Lastdifferenz $w_j^t - w_i^t$ aus. Damit ergibt sich die Formel

$$w_i^{t+1} = w_i^t + \sum_{j=0}^{|P|-1} \alpha_{ij}(w_j^t - w_i^t) \; , \tag{A.4}$$

wobei $\alpha_{ij} > 0$, wenn Prozessor i und j verbunden sind. Insbesondere sei $\alpha_{ii} = 0$. Ist der Ausdruck $\alpha_{ij}(w_j^t - w_i^t)$ positiv, so gibt Prozessor j Last an Prozessor i ab, sonst umgekehrt. Außerdem gilt $\alpha_{ij} = \alpha_{ji}$, da das, was i an j abgibt, dort ja ohne Verlust ankommt. Schreibt man (A.4) um als

$$w_i^{t+1} = \left(1 - \sum_{j=0}^{|P|-1} \alpha_{ij}\right) w_i^t + \sum_{j=0}^{|P|-1} \alpha_{ij} w_j^t \; , \tag{A.5}$$

ergibt sich die weitere Einschränkung $\sum_j \alpha_{ij} \leq 1$ für alle i, was sicherstellt, daß ein Prozessor nicht mehr abgibt, als er hat. Mit $w^t = (w_0^t, \ldots, w_{|P|-1}^t)^T$ schreibt man (A.5) in Matrixform:

$$w^{t+1} = M w^t \tag{A.6}$$

mit $M = (m_{ij})$ definiert als

$$m_{ij} = \begin{cases} \alpha_{ij} & i \neq j \\ 1 - \sum_k \alpha_{ik} & i = j \end{cases} . \tag{A.7}$$

In [40] wird nun die Konvergenz der Iteration (A.6) gegen die Gleichverteilung, d.h. den Vektor

$$\bar{w}^t = \left(\frac{\sum_i w_i^t}{|P|}, \ldots, \frac{\sum_i w_i^t}{|P|} \right)^T$$

untersucht. Da $\sum_j m_{ij} = 1$ ist $\bar{w}^0 = \bar{w}^1 = \ldots \bar{w}$.

Die Iteration (A.6) kann man interpretieren als Richardson-Iteration angewandt auf das lineare Gleichungssystem

$$(I - M)x = 0 . \tag{A.8}$$

Setzt man $A = (I - M)$ so gilt für die Einträge a_{ij} von A:

$$a_{ij} = \begin{cases} -\alpha_{ij} & i \neq j \\ \sum_k \alpha_{ik} & i = j \end{cases} . \tag{A.9}$$

A ist singulär, der Kern ist gegeben durch die konstanten Vektoren $c\mathbf{1}$. Da Multiplikation mit M aber die Last erhält, konvergiert die Richardson-Iteration gegen die korrekte Gleichverteilung, wenn der größte Eigenwert von A kleiner als 2 ist (der kleinste ist 0 und einfach wenn A irreduzibel). Nach [40] ist dies gegeben, wenn A irreduzibel ist und

$$\sum_i \alpha_{ij} < 1 \tag{A.10}$$

für mindestens ein j. Eine zweite hinreichende Bedingung ist, daß der durch M induzierte Graph nicht bipartit ist. Die α_{ij} werden üblicherweise zunächst einfach als 1 / "Zahl der Verbindungen" gewählt. In der Originalarbeit [40] wird dann weiter beschrieben, wie die Konvergenz der Iteration (A.6) bei gegebenen α_{ij} auf einfache Weise beschleunigt werden kann. Für den d-dimensionalen Hypercube können die α_{ij} so gewählt werden, daß sich die Konvergenzrate $1 - 2/(d + 1)$ ergibt. Man mache sich deutlich, daß das Ziel der Iteration (A.6) nicht die schnelle Lösung des Gleichungssystemes (A.8) ist, vielmehr soll eine Matrix vorgegebener Null-Struktur (entsprechend dem Verbindungsnetzwerk) gefunden werden, so daß (A.6) schnell gegen die Gleichverteilung konvergiert (und natürlich muß $\alpha_{ij} = \alpha_{ji}, \alpha_{ij} \geq 0, \alpha_{ii} = 0$ und $\sum_j \alpha_{ij} \leq 1$ gelten).

Betrachten wir als Beispiel einen Multiprozessor, der als 2D Feld vernetzt ist, d.h bis zu vier Verbindungen nach Norden, Süden, Osten und Westen besitzt. Eine mögliche Wahl der Koeffizienten ist dann

$$\alpha_{ij} = \begin{cases} 1/4\ i \neq j, & \text{Prozessor } i \text{ und } j \text{ sind verbunden} \\ 0 & \text{sonst} \end{cases} \tag{A.11}$$

Am Rand ist dann die Bedingung (A.10) erfüllt. Bis auf den Faktor $4h^{-2}$ entspricht A dann genau der Diskretisierung der Neumannschen Randwertaufgabe mit finiten Differenzen. Da das eben beschriebene Lastverteilungsverfahren als Richardson-Iteration interpretiert werden kann, ist klar, daß die Konvergenzgeschwindigkeit mit zunehmender Prozessorzahl sehr schnell schlechter wird. Eine Besserung ergibt sich nur durch Einführung zusätzlicher *globaler* Verbindungen wie etwa im Hypercube (siehe oben).

Eine genaue Analyse des Diffusionsverfahrens für allgemeine Graphen findet sich in [60], eine praktische Anwendung wird in [28] beschrieben. Im Zusammenhang mit Finiten-Elementen ergibt sich das Problem, daß die Kopplung der Teilaufgaben nicht berücksichtigt wird. Dies muß in die Heuristik, die die abzugebenden Elemente auswählt, eingebaut werden. Allerdings ist zu erwarten, daß diese Methode nur bei kleinen Änderungen im Gitter gute Ergebnisse liefert. Eine mögliche Anwendung ist bei der Lösung zeitvarianter Probleme auf großen Prozessorzahlen zu sehen. Dabei könnte man immer einige Male mit dem Diffusionsverfahren ausgleichen und, falls die Aufteilung zu schlecht wird, eines der zentralen Verfahren benutzen.

Literaturverzeichnis

[1] E. Aarts: *Simulated Annealing and Boltzmann Machines. A Stochastic Approach to Combinatorial Optimization and Neural Computing.*

[2] O. Axelsson, V. A. Barker: *Finite Element Solution of Boundary Value Problems.* Academic Press, 1984.

[3] R. Azencott [ed.]: *Simulated Annealing: Parallelization Techniques.* John Wiley & Sons, 1992.

[4] S. B. Baden: *Programming Abstractions for Dynamic Partitioning and Coordinating Localized Scientific Calculations Running on Multiprocessors.* SIAM J. Sci. Stat. Comput., **12**, No. 1, 145-157, 1991.

[5] S. B. Baden, S. R. Kohn: *Portable Parallel Programming of Numerical Problems under the LPAR System.* CSE Tech. Rep. CS93-330, UCSD, 1993.

[6] R. E. Bank, A. H. Sherman, A. Weiser: *Refinement Algorithms and Data Structures for Regular Local Mesh Refinement.*In: Scientific Computing, IMACS, North-Holland, Amsterdam, 1983.

[7] R. E. Bank, A. Weiser: *Some A Posteriori Error Estimators for Elliptic Partial Differential Equations.* Math. Comput., **44**, No. 170, pp. 283-301, 1985.

[8] R. Bank, T. F. Dupont, H. Yserentant: *The Hierarchical Basis Multigrid Method* , Numer. Math., **52**, 427-458 (1988).

[9] R. Bank: *PLTMG Users Guide Version 6.0.* SIAM, Philadelphia, 1990.

[10] R. E. Bank, J. F. Bürgler, W. Fichtner, R. K. Smith: *Some Upwinding Techniques for Finite-Element Approximations of Convection-Diffusion Equations.* Numer. Math., **58**, 185-202, 1990.

[11] S. T. Barnard, H. D. Simon: *A Fast Multilevel Implementation of Recursive Spectral Bisection for Partioning Unstructured Problems.* in

Proc. of the 6th SIAM Conference on Parallel Processing for Scientific Computing, March 1993.

[12] P. Bastian, J. H. Ferziger, G. Horton, J. Volkert: *Adaptive Multigrid Solution of the Convection-Diffusion Equation on the DIRMU Multiprocessor*. Proc. of the Fourth GAMM Seminar, Kiel, 1988.

[13] P. Bastian, J. Burmeister, G. Horton: *Implementation of a Parallel Multigrid Method for Parabolic Partial Differential Equations*. in: Parallel Algorithms for Partial Differential Equations, W. Hackbusch, ed., NNFM, **31**, Vieweg Verlag, Braunschweig, 1991.

[14] P. Bastian, G. Horton: *Parallelization of Robust Multigrid Methods: ILU Factorization and Frequency Decomposition Method.*, SIAM J. Sci. Stat. Comput., **12**, No. 6, pp. 1457-1470, November 1991.

[15] P. Bastian: *Locally Refined Solution of Unsymmetric and Nonlinear Problems*, Proceedings of the 8th GAMM Seminar, Kiel, NNFM, Vieweg Verlag, Braunschweig, 12-21, 1993.

[16] P. Bastian, G. Wittum: *On Robust and Adaptive Multigrid Methods*, Proceedings of the 4th European Multigrid Conference, Amsterdam, July 1993, to appear.

[17] P. Bastian: *Parallel Adaptive Multigrid Methods*, IWR Report 93-60, IWR Universität Heidelberg, 1993.

[18] P. Bastian, G. Wittum: *Adaptive Multigrid Methods: The UG Concept*, Proceedings of the 9th GAMM Seminar Kiel, NNFM, Vieweg Verlag, Braunschweig, to appear.

[19] P. Bastian: *Dynamic Load Balancing for Parallel Adaptive Multigrid Methods on Unstructured Meshes*. Proc. of the Workshop CFD on Parallel Systems, DFG Schwerpunkt Strömungsmechanik auf Hochleistungsrechnern, erscheint in NNFM.

[20] M. J. Berger, S. H. Bokhari: *A Partitioning Strategy for Nonuniform Problems on Multiprocessors*. IEEE Transactions on Computers, **C-36**, No. 5, 1987.

[21] M. J. Berger, J. S. Saltzman: *Structured Adaptive Mesh Refinement on the Connection Machine*. in Proc. of the 6th SIAM Conference on Parallel Processing for Scientific Computing, March 1993.

[22] Jürgen Bey: *AGM^{3D} Manual*. Techn. Report, Univ. Tübingen, 1994.

[23] K. Birken, P. Bastian: *Dynamic Distributed Data - Spezifikation und Funktionalität.*, RUS, Universität Stuttgart, 1994.

[24] A. Bode, W. Händler: *Rechnerarchitektur*, Springer-Verlag, Berlin, Heidelberg, New York, 1980.

[25] S. H. Bokhari: *On the Mapping Problem*, IEEE Transactions on Computers, **30**(3), 1981.

[26] F. A. Bornemann: *A Sharpened Condition Number Estimate for the BPX Preconditioner of Elliptic Finite Element Problems on Highly Nonuniform Triangulations*, Preprint SC 91-9, Konrad-Zuse-Zentrum, Berlin, 1991.

[27] F. A. Bornemann, H. Yserentant: *A Basic Norm Equivalence for the Theory of Multilevel Methods*, Preprint SC 92-1, Konrad-Zuse-Zentrum, Berlin, 1992.

[28] J. E. Boillat, F. Brugè, P. G. Kropf: *A Dynamic Load-Balancing Algorithm for Molecular Dynamics Simulation on Multi-processor Systems*. Journal of Computational Physics, **96**, 1-14, 1991.

[29] D. Braess: *Finite Elemente*. Springer-Lehrbuch, Springer Verlag, Heidelberg, 1992.

[30] J. H. Bramble, J. E. Pasciak, A. H. Schatz: *The Construction of Preconditioners for Elliptic Problems by Substructuring I-IV*. Math. Comp., **47** (103-134) 1986, **49** (1-16) 1987, **51** (415-430) 1988, **53** (1-24) 1989.

[31] J. H. Bramble, J. E. Pasciak, J. Xu: *Parallel Multilevel Preconditioners*, Math. Comput., **55**, 1-22 (1990).

[32] J. H. Bramble, J. E. Pasciak, J. Wang, and J. Xu, *Convergence estimates for multigrid algorithms without regularity assumptions*, Math. Comp., **57**, (1991), pp. 23–45.

[33] J. H. Bramble, J. E. Pasciak: *New Estimates for Multilevel Algorithms Including the V-Cycle*, Report BNL-46730, Brookhaven National Laboratory, August 1991.

[34] A. Brandt: *Multi-level Adaptive Technique (MLAT) for Fast Numerical Solution to Boundary Value Problems.* In: H. Cabannes and R. Temam (Eds.), Proceedings of the third international conference on numerical methods in fluid mechanics, Paris, July 1972, Lecture Notes in Phys, **18**, Springer, Berlin, 1973.

[35] A. Brandt: *Multi-level Adaptive Solutions to Boundary-Value Problems.* Math. Comp., **31**, p. 333-390, 1977.

[36] Y.-C. Chung, S. Ranka: *Mapping Finite Element Graphs onto Hypercubes.* in Joseph Jaja [ed.]: Frontiers of Massively Parallel Computation, IEEE Computer Society Press, Los Alamitos, CA.

[37] A. Choudhary, G. Fox, S. Hiranandani, K. Kennedy, C. Koelbel, S. Ranka, J. Saltz: *Software Support for Irregular and Loosely Synchronous Problems.* Computing Systems in Engineering, **3**, No. 1-4, 43-52, 1992.

[38] S. Chowdhury: *The Greedy Load Sharing Algorithm,* Journal of Parallel and Distributed Computing, **9**, 93-99, 1990.

[39] T. H. Cormen, C. E. Leiserson, R. L. Rivest: *Introduction to Algorithms.* MIT Press, 1990.

[40] G. Cybenko: *Dynamic Load Balancing for Distributed Memory Multiprocessors.* Journal of Parallel and Distributed Computing, **7**, 279-301, 1989.

[41] P. Deuflhard, P. Leinen, H. Yserentant: *Concepts of an Adaptive Hierarchical Finite Element Code,* IMPACT of Computing in Science and Engineering, **1**, 3-35 (1989).

[42] R. v. Driesche, R. Piessens: *Load Balancing with Genetic Algorithms.* in [74].

[43] G. C. Fox: *A Graphical Approach to Load Balancing and Sparse Matrix Vector Multiplication on the Hypercube.* Presented at Minnesota Institute for Mathematics and its Applications Workshop, November 6, 1986.

[44] M. R. Garey, D. S. Johnson, L. Stockmeyer: *Some Simplified NP-Complete Graph Problems,* Theoretical Computer Science, **1** (1976), 237-267, September 1974.

[45] J. R. Gilbert, E. Zmijewski: *A Parallel Graph Partitioning Algorithm for a Message-Passing Multiprocessor.* Int. Journal of Parallel Programming, **16**, No. 6, 1987.

[46] C. E. Grosch: *Poisson Solvers on Large Array Computers.* In: B. L. Buzbee and J. F. Morrison (Eds.), Proceedings 1978 LANL Workshop on vector and parallel processors, 1978.

[47] G. Haase: *Die nichtüberlappende Gebietszerlegungsmethode zur Parallelisierung und Vorkonditionierung des CG-Verfahrens.* Preprint 92-10, IWR, Universität Heidelberg, 1992.

[48] W. Hackbusch: *A Fast Iterative Method for Solving Poisson's Equation in a General Region.* In: R. Bulirsch, R. D. Griegorieff, J. Schröder (eds.): Numerical Treatment of Differential Equations. Proceedings, Oberwolfach, July 1976, Lecture Notes in Math, **631**, Springer, Berlin, 1978.

[49] W. Hackbusch: *Multi-Grid Methods and Applications*, Springer, Berlin, Heidelberg, 1985.

[50] W. Hackbusch: *Theorie und Numerik elliptischer Differentialgleichungen.* Teubner-Verlag, Stuttgart, 1986.

[51] W. Hackbusch: *Iterative Lösung großer schwachbesetzter Gleichungssysteme.* LAMM, Teubner-Verlag, Stuttgart, 1991.

[52] W. Hackbusch: *On First and Second Order Box Schemes*, Computing, **41**, 277-296 (1989).

[53] R. v. Hanxleden, L. R. Scott: *Load Balancing on Message Passing Architectures.* Journal of Parallel and Distributed Computing, **13**, 312-324, (1991).

[54] B. Hendrickson, R. Leland: *An Improved Spectral Graph Partitioning Method for Mapping Parallel Computations*, Technical Report SAND92-1460, Sandia National Laboratory, September 1992.

[55] B. Hendrickson, R. Leland: *An Improved Spectral Load Balancing Method*, Proc. of the 6th SIAM Conference on Parallel Processing for Scientific Computing, March 1993.

[56] B. Hendrickson, R. Leland: *Multidimensional Spectral Load Balancing*, Technical Report SAND93-0074, Sandia National Laboratory, January 1993.

[57] B. Hendrickson, R. Leland: *The Chaco User's Guide Version 1.0*, Technical Report SAND93-2339, Sandia National Laboratory, October 1993.

[58] C. A. R. Hoare: *Communicating Sequential Processes*. Prentice Hall, 1985.

[59] D. Hodgson, P. Jimack: *Efficient Mesh Partitioning for Parallel PDE Solvers on Distributed Memory Machines*, Proc. of the 6th SIAM Conference on Parallel Processing for Scientific Computing, March 1993.

[60] S. H. Hosseini, B. Litow, M. Malkawi, J. McPherson, K. Vairavan: *Analysis of a Graph Based Distributed Load Balancing Algorithm.* Journal of Parallel and Distributed Computing, **10**, 160-166, 1990.

[61] K. Johannsen: *A Mathematical Description of (Open) Loudspeaker-Boxes.* IWR Report 93-23, Univ. Heidelberg, 1993.

[62] B. W. Kernighan, S. Lin: *An Efficient Heuristic Procedure for Partitioning Graphs.* The Bell System Technical Journal, **49**, 291-307, 1970.

[63] J. de Keyser, D. Roose: *Adaptive Irregular Multiple Grids on a Distributed Memory Multiprocessor.* in A. Bode [ed.]: Proceedings of the 2nd European Distributed Memory Computing Conference, 153-162, 1991.

[64] J. de Keyser, D. Roose: *A Software Tool for Load Balanced Adaptive Multiple Grids on Distributed Memory Computers.* in Proceedings of the 6th Distributed Memory Computing Conference, 122-128, IEEE Computer Society Press, 1991.

[65] J. de Keyser, D. Roose: *Partitioning and Mapping Adaptive Multigrid Hierarchies on Distributed Memory Computers.* Report TW 166, K. U. Leuven, Leuven, Belgium, 1992.

[66] J. de Keyser, D. Roose: *Parallel Steady Euler Calculations using Multigrid and Adaptive Irregular Meshes.* Proceedings of the $4^{t}h$ European Multigrid Conference, Amsterdam, July 1993, to appear.

[67] O. Klaas, R. Niekamp, E. Stein: *Parallel Adaptive Finite Element Computations with Hierarchical Preconditioning.* IBNM-Bericht 94/4, Universität Hannover, 1994.

[68] S. R. Kohn, S. B. Baden: *A Robust Parallel Programming Model for Dynamic Non-Uniform Scientific Computations.* Dep. of Comp. Science and Eng., UCSD, 1994.

[69] C. A. Leete, B. W. Peyton, R. F. Sinovec: *Toward a Parallel Recursive Spectral Bisection Mapping Tool.* in Proc. of the 6th SIAM Conference on Parallel Processing for Scientific Computing, March 1993.

[70] P. Leinen: *Ein schneller adaptiver Löser für elliptische Randwertprobleme auf Seriell- und Parallelrechnern.* Dissertation, Universität Dortmund, 1990.

[71] M. Lemke, D. Quinlan: *Fast Adaptive Composite Grid Methods on Distributed Parallel Architectures.* Comm. in Appl. Num. Meth., **8**, 609-619, 1992.

[72] M. Lemke, D. Quinlan: *P++, a C++ Virtual Shared Grids Based Programming Environment for Architecture-Independent Development of Structured Grid Applications.* in Proceedings of CONPAR 92 - VAPP V, Springer Lecture Notes in Computer Science 634, Springer Verlag, Heidelberg, 1992.

[73] T. Ludwig: *Automatische Lastverwaltung für Parallelrechner.* BI Wissenschaftsverlag, Reihe Informatik, Band 94, Mannheim, 1993.

[74] R. Männer, B. Manderick [eds.]: *Parallel Problem Solving from Nature,* *2.* Conference Proceedings, North-Holland, 1992.

[75] O. A. McBryan, P. O. Frederickson, J. Linden, A. Schüller, K. Solchenbach, K. Stüben, C. A. Thole, U. Trottenberg: *Multigrid Methods on Parallel Computers — A Survey of Recent Developments.* Impact of Computing in Science and Engineering, **3**, 1-75, 1991.

[76] S. McCormick, J. Thomas: *The Fast Adaptive Composite Grid (FAC) Method for Elliptic Equations.* Math. Comput., **46**, 439-456, 1986.

[77] S. McCormick: *Multilevel Adaptive Methods for Partial Differential Equations.* SIAM, Frontiers in Applied Mathematics, **6**, Philadelphia, 1989.

[78] R. Mirchandaney, D. Towsley, J. A. Stankovic: *Adaptive Load Sharing in Heterogeneous Distributed Systems.* Journal of Parallel and Distributed Computing, **9**, 331-346, 1990.

[79] H. Mühlenbein, M. Gorges-Schleuter, O. Krämer: *New Solutions to the Mapping Problem of Parallel Systems: The Evolution Approach*, Parallel Computing, **4**, 269-279, (1987).

[80] B. Nour-Omid, A. Raefsky, G. Lyzenga: *Solving Finite-Element Equations on Concurrent Computers.* in Parallel computations and their impact on mechanics, pp. 209-227, A. K. Noor, ed., American Soc. Mech. Eng., New York, 1986.

[81] P. Oswald: *On Discrete Norm Estimates Related to Multilevel Preconditioners in the Finite Element Method*, Proc. Int. Conf. Constr. Theory of Functions, Varna, 1991.

[82] D. H. Perkins: *Introduction to High Energy Physics.* Addison-Wesley Publishing Company, Inc., 1987.

[83] A. Pothen, H. Simon, K. Liou: *Partitioning Sparse Matrices with Eigenvectors of Graphs*, SIAM J. Matrix Anal. Appl., **11**, 430-452, 1990.

[84] M. J. Raw: *A Coupled Algebraic Multigrid Method for the 3D Navier-Stokes Equations.* W. Hackbusch und G. Wittum (eds.), Proceedings of the 10th GAMM Seminar Kiel 1994, NNFM, erscheint.

[85] M. C. Rivara, *Design and data structure of a fully adaptive multigrid finite element software*, ACM Trans. on Math. Software, 10 (1984), pp. 242–264.

[86] H. Reichert, G. Wittum: *Solving the Navier-Stokes Equations on Unstructured Grids.* IWR Report 92-13, Univ. Heidelberg, 1992.

[87] P. Sadayappan, F. Ercal: *Nearest-Neighbor Mapping of Finite Element Graphs onto Processor Meshes*, IEEE Transactions on Computers, **C-36**, No. 12, 1987.

[88] P. Sadayappan, F. Ercal, J. Ramanujam: *Cluster Partitioning Approaches to Mapping Parallel Programs onto a Hypercube*, Parallel Computing, **13**, 1-16, (1990).

[89] S. Sauter: *The ILU Method for Finite Element Discretizations.* IWR Preprint 91-02, Universität Heidelberg, 1991.

[90] J. E. Savage, M. G. Wloka: *Parallelism in Graph Partitioning.* Journal of Parallel and Distributed Computing, **13**, 257-272, 1991.

[91] G. E. Schneider, M. J. Raw: *A Skewed, Positive Influence Coefficient Upwinding Procedure for Control-Volume-Based Finite-Element Convection-Diffusion Computation*, Numerical Heat Transfer, **9**, 1-26 (1986).

[92] H. Simon: *Partitioning of Unstructured Problems for Parallel Processing*, Computing Systems in Engineering, **2**(2/3), 135-148, (1991).

[93] T. Sonar: Strong and Weak Norm Refinement Indicators Based on the Finite Element Residual for Compressible Flow Computation, IMPACT of Computing in Science and Engineering, **5**, 111-127 (1993).

[94] A. Sussman, J. Saltz, R. Das, S. Gupta, D. Mavriplis, R. Ponnusamy, K. Crowley: *PARTI Primitives for Unstructured and Block Structured Problems.* Computing Systems in Engineering, **3**, No. 1-4, 73-86, 1992.

[95] D. Vanderstraeten, O. Zone, R. Keunings, L. A. Wolsey: *Non-Deterministic Heuristics for Automatic Domain Decomposition in Direct Parallel Finite Element Calculations.* in Proc. of the 6th SIAM Conference on Parallel Processing for Scientific Computing, March 1993.

[96] R. S. Varga: *Matrix Iterative Analysis.* Prentice Hall, Englewood Cliffs, 1962.

[97] S. A. Vavasis: *Automatic Domain Partitioning in Three Dimensions.* SIAM J. Sci. Stat. Comput., **12**, No. 4, 950-970, 1991.

[98] R. Verfürth: *A Review of A Posteriori Error Estimation and Adaptive Mesh-Refinement Techniques.* Manuskript einer Vorlesungsreihe gehalten an der TU Magdeburg, 1993.

[99] C. Walshaw, M. Berzins: *Enhanced Dynamic Load-Balancing of Adaptive Unstructured Meshes*, in Proc. of the 6th SIAM Conference on Parallel Processing for Scientific Computing, March 1993.

[100] P. Wesseling: *An Introduction to Multigrid Methods*, John Wiley & Sons, Chichester, 1992.

[101] R. D. Williams, R. Glowinski: *Distributed Irregular Finite Elements.* Report C3P 715, California Institute of Technology, Pasadena, CA.

[102] R. D. Williams: *Performance of Dynamic Load Balancing Algorithms for Unstructured Mesh Calculations*, Report C3P 913, California Institute of Technology, Pasadena, CA., (1990).

[103] G. Wittum: *On the Robustness of ILU Smoothing*, SIAM J. Sci. Statist. Comput., **10**, 699-717 (1989).

[104] G. Wittum: *Linear Iterations as Smoothers in Multigrid Methods: Theory with Applications to Incomplete Decompositions*, IMPACT of Computing in Science and Engineering, **1**, 180-215 (1989).

[105] G. Wittum: *Filternde Zerlegungen.* Teubner Verlag, Stuttgart, 1992.

[106] J. Xu: *Iterative Methods by Space Decomposition and Subspace Correction*, SIAM Review, **34**(4), 581-613, (1992).

[107] H. Yserentant: *On the Multi-Level Splitting of Finite Element Spaces*, Numer. Math., **49**, 379-412 (1986).

[108] H. Yserentant: *Two Preconditioners Based on Multi-Level Splitting of Finite Element Spaces*, Numer. Math., **58**, 163-184 (1990).

[109] H. Yserentant: *Old and New Convergence Proofs for Multigrid Methods*, Acta Numerica, (1993).

[110] G. W. Zumbusch: *Adaptive parallele Multilevel-Methoden zur Lösung elliptischer Randwertprobleme.* SFB-Bericht Nr. 342/19/91 A, Technische Universität München, 1991.

Sachverzeichnis